소비자를 위한

식품영양안전정책

서정희 · 홍순명 지음

UUP

소비자를 위한 식품영양안전정책

- 2014년 09월 25일 **초판 인쇄**
- 2014년 10월 01일 **초판 발행**
- **지은이 서정희, 홍순명**
- **펴낸이** 이철
- **펴낸곳 UUP**(울산대학교출판부) 680-749 울산광역시 남구 대학로 93(무거동) 울산대학교 출판부
- 전화 (052)259-2488 팩스 (052)277-3011 ▪ **홈페이지** http://uup.ulsan.ac.kr
- **출판등록** 제370-1996-000001호(1996.3.13)
- ₩ 9,000

ISBN 978.89.7868.354.8 (93590)

머리말

우리나라는 과거에 어렵게 살았던 시기에는 우량아 선발대회가 있었을 정도로 영양결핍이 중요한 문제가 되었으나, 잘살게 되면서 점점 영양과잉이 문제가 되기 시작하였고, 육식에 치중하는 식생활이 보편화되면서 비만, 고혈압, 순환기질환, 당뇨병, 암 등 만성질환이 크게 증가하기 시작하였다. 생활습관병으로도 불리는 이러한 만성질환은 개인에게는 삶을 질을 떨어뜨리는 중요한 요인이 되고 있고, 국민의료비를 상승시켜 국가경제에도 커다란 부담이 되고 있다. 특히 저출산과 고령화시대가 되면서 아동기부터 균형 잡힌 식생활을 습관화할 수 있도록 국가차원에서 다양한 식품영양안전정책이 이루어져야 한다.

남녀노소를 막론하고 조각 같은 몸만들기가 중요한 소비트렌드가 되면서, 영양과 안전한 먹을거리, 맛집 등에 대한 소비자들의 관심이 매우 높아지고 있다. 소비자가 쉽게 이해하고 적용할 수 있는 다양한 영양정보를 오락과 함께 제공하는 TV 프로그램이 많이 등장하였다. 유명연예인이 실제로 영양교육을 받고 다이어트를 실천해서 결과를 발표하는 TV 프로그램도 인기를 끌고 있다. 맛집 소개뿐 아니라 다양한 먹방이 정규 TV 방송과 케이블 TV 방송 및 인터넷 TV 방송에서도 인기를 끌고 있다. 또한 식품안전과 관련된 다양한 고발 프로그램도 소비자들의 관심을 끌고 있으며, 다양한 언론을 통하여 재생산되어 정책에 반영되는 경우도 있다.

우리나라는 1962년에 식품위생법이 제정되면서 영양사가 법적으로 탄생하게 되었고, 한국인 영양권장량이 처음으로 제정되면서 영양정책이 시작되었다. 1968년에는 응용영양사업이 시작되었으며, 1969년 국민영양조사가 처음으로 실시되었다. 제 1장에서는 2010년 국민영양관리법이 제정되었기 때문에 국민영양관리법의 필요성과 과정, 국민영양관리법의 내용, 및 어린이 식생활 안전관리에 관하여 설명하였다.

제 2장에서는 제1차 국민영양관리기본계획(2012~2016년)의 중요한 내용인 만성질환 예방을 위한 건강 식생활 실천, 영양불균형 및 격차 해소 등을 위한 3대 분야 10대 과제를 중심으로 설명하였다. 이 계획에는 복지부를 비롯한 식약처, 농식품부, 여성부, 교육부 등 6개 부처에 걸쳐 확정된 총 56개 과제가 제시되어 있고, 이에 따라 각 지자체에서는 2012년부터 지역별로 식생활·영양정책을 수립·시행하고 있기 때문이다.

세계 경제가 글로벌화 되면서 식품의 수입과 수출도 증가하고 있기 때문에 소비자, 식품업계 및 식품영양안전정책 당국도 우리나라의 정책 뿐 아니라 다른 나라의 정책에도 관심을 기울여야 한다. 제 3장에서는 세계보건기구와 유럽연합, 유럽 주요국, 미국과 아시아의 주요국을 중심으로 영양정책을 설명하였다.

영양표시제도가 실효성을 거두기 위해서는 영양표시에 적극적인 소비자가 시장에 일정 비율 이상이 될 수 있도록 영양교육이 활성화되어야 한다. 영양표시를 적극적으로 활용하는 소비자주권의식이 높은 소비자가 시장에 많이 존재하게 되면 정부는 영양표시제도를 보다 확대하려고 노력하게 되고, 기업은 보다 질좋은 제품을 생산하여 판매하려고 노력하게 되기 때문이다. 아무리 좋은 영양표시제도가 있다고 하더라도 소비자가 영양표시를 잘 읽거나 활용하지 않는다면 제도의 효과는 미미할 수밖에 없다는 점에서 영양교육이 중요한 역할을 한다고 볼 수 있다. 제 4장에서는 우리나라를 비롯한 주요 선진국의 영양표시제도에 관하여 설명하였다.

보건복지부의 식 · 의약품 안전정책과 농림수산식품부의 농 · 축 · 수산물 위생안전 기능을 통합 수행하여 먹거리 안전 컨트롤 타워로서의 역할을 수행할 수 있도록 식품의약품안정청에서 식품의약품안전처로 승격되었다. 이를 통하여 식품안전관리 체계가 부처 간 분산관리, 조정기능 미비 등으로 지적되어 온 여러 문제점이 해결되고, 농 · 축 · 수산물과 가공식품 등 모든 식품 안전관리 체계가 생산부터 소비까지 통합 관리되어 보다 강력하고 책임 있는 관리체계로 변화될 수 있다. 이러한 점을 고려하여 제 5장에서는 우리나라에서 가장 핵심적으로 식품영양안전행정을 수행하고 있는 식품의약품안전처를 중심으로 하여 영양안전행정을 설명하였다.

인간의 생존과 직결된 식품과 관련된 사건과 사고는 소비자로 하여금 사회에 대한 불신감과 생활환경에 대한 불안감을 갖게 한다. 안전한 먹거리에 대한 불안감과 사회적 불신감으로 소비자는 식품의 재배환경부터 유통과정에 관한 정보공개를 요구하는 등 식품안전에 대한 소비자요구는 지속적으로 증가하고 있다. 이러한 소비자의 관심과 요구는 쇠고기 이력추적제, HACCP 인증제도, GMO 표시제도와 같은 식품안전을 확보하기 위한 제도를 도입하게 하는 중요한 요인이 되었다. 그러나 아직도 식품과 관련한 안전사고는 빈번히 일어나고 있고, 특히 일본의 원전사고에 의한 식품불신은 더욱 확산되고 있다. 제 6장에서는 식품의약품안전처가 2013년에 발표한 식품안전과 관련된 국정과제를 추진배경, 현황과 문제점, 추진계획, 제도 개선 등을 중심으로 설명하였다.

제 7장에서는 식품의약품안전처에서 발표한 내용을 중심으로 하여 현재 우리나라 식품안전정책의 환경과 여건, 2014년에 식품안전처가 실행하겠다고 발표한 정책의 내용과 2012년과 2013년 식품안전정책을 자체평가한 내용을 소개하고, 평가하였다.

이 책은 소비자학을 연구하거나 전공하는 사람, 소비자분야의 전문가, 외식업계, 소비자의 기호에 부합한 새로운 음식이나 대중매체 프로그램을 기획하고 제작하는 전문가, 식품영양안전과 관련된 소비자운동을 기획하고 실천하는 운동가 등을 타깃 독자로 삼았다. 이 책은 또한 대학원이나 학부에서 개설되는 식품영양학과 소비자학 관련과목에서 참고문헌으로 활용될 수 있다.

마지막으로 여러 가지 어려움이 있음에도 불구하고 이 책이 나오기까지 애써주신 울산대학교 출판부에 감사드립니다. 무엇보다 이 책을 쓸 수 있도록 저자들뿐 아니라 가족들의 건강을 지켜주시고, 지혜를 주시고, 시간의 오병이어를 체험하게 해 주신 하나님께 깊은 감사와 함께 영광을 드립니다.

2014년 8월 31일

서정희, 홍순명

목차

5장 식품의약품안전처의 영양안전행정 / 133

6장 식품안전과 관련된 국정과제 / 151

7장 식품안전정책의 내용과 평가 / 173

참고문헌 / 199

1장

우리나라의 영양정책

1. 국민영양관리법 제정의 필요성
2. 국민영양관리법의 제정과정
3. 국민영양관리법의 내용
4. 국민영양관리 기본계획
5. 어린이 식생활 안전관리

1장

우리나라의 영양정책

우리나라는 1962년에 식품위생법이 제정되면서 영양사가 법적으로 탄생하게 되었고, 한국인 영양권장량이 처음으로 제정되면서 영양정책이 시작되었다. 1968년에는 응용영양사업이 시작되었으며, 1969년 국민영양조사가 처음으로 실시되었다. 라이프 스타일이 큰 영향을 미치는 만성질환, 소위 생활 습관병이 증가하면서 질병부담이 커지고 있다. 만성질환은 영양과 식생활이 중요한 결정요인이다. 우리나라는 특히 저출산 고령화가 급속하게 진행되고 있어 건강투자의 중요 부분으로 만성질환 대응과 국민의료비 절감을 위해서 보다 적극적인 국민영양 개선대책이 중요해지고 있다. 최근 국민건강증진종합계획 2010과 2020년을 위한 영양 부문 목표들이 새로 설정되었다. 또한 2010년 국민영양관리법이 제정되고, 제1차 국민영양관리기본계획(2012~2016년)도 마련되었다(김혜련, 2013). 이 장에서는 국민영양관리법의 필요성과 과정, 국민영양관리법의 내용, 및 어린이 식생활 안전관리에 관하여 설명하였다.

1. 국민영양관리법 제정의 필요성

국민영양관리법 제정의 필요성을 영양정책의 여건과 현황을 중심으로 설명하면 다음과 같다(보건복지부, 2012).

1) 영양정책의 여건

(1) 저출산과 고령화

2010년 현재 65세 이상 인구는 542만명으로 총인구의 11.3%를 차지함으로써 2005년의 437만명에 비하여 106만명이 증가하였다. 노령화지수가 2005년에는 48.6%였으나, 2010년에는 69.7%로 증가하였다. 건강유지는 노인의 삶의 질의 필수적인 요소가 되고(Dossey, Keegan, & Guzzetta, 2005), 영양위험은 노인의 건강상태에 중요한 결정요소가 된다는 점에서(박연환과 서은영, 2007)노인영양정책의 중요성이 강조되고 있다. 노인의 영양위험은 노년기 이전부터의 영양적, 의학적 건강관리의 올바른 실천과 관리에서 얻어지는 결과이지만 영양위험 정도가 적을 때 건강뿐만 아니라 건강관련 삶의 질에 긍정적 영향을 미치는 것으로 보고되고 있다(Keller, 2004; 김희경, 장혜경, 이미라, 손연정, 한수정, 양남영, 유명란, 최선영, 김윤미, 2013; 이명숙, 2012).

(2) 영양불균형 문제 지속

2010년 국민건강통계에 의하면 영양섭취 부족인구는 1998년에 19.5%에서 2010년에 10.0%로 크게 감소하였다. 그러나 에너지와 지방을 과잉으로 섭취하는 비율은 2005년에 2005년에 7.0%에서 2007년에 3.5%로 감소하였다가 2010년에는 7.0%로 다시 증가하였다.

나트륨의 충분섭취량 대비 섭취비율이 2007년에 315.7%, 2009년에 328.0%, 2010년에 341.9%로 증가하였다. 나트륨의 과잉섭취는 혈압을 상승시키고(Menton 등, 2005; He와 MacGregor, 2007; He 등, 1999; Chobanian과 Hill 2000; Park 등, 2003; Tsugane, 2005; Cohen 등, 2008; Brown 등, 2009; 이덕규, 2012), 뇌졸중, 심근경색, 심부전 등의 심장질환과(Cook 등, 2007; Tuomiehto 등, 2001), 신장질환

(Ciancianuso 등, 1998; Swift 등, 2005)의 발병위험률을 높이는 것으로 밝혀졌다.

한국인 10명 중 6명이 탄수화물 과잉 섭취로 건강에 이상이 생길 수 있다는 사실이 밝혀졌다. 조사 대상인 15세 이상 1,000명 중 64.5%가 탄수화물 과잉 섭취 위험군인 것이다. 한국인의 주식은 흰 쌀밥인데다 최근 밀가루 섭취가 늘면서 탄수화물 과잉 섭취의 위험성이 커지고 있다. 빵 · 면 등의 곡류, 감자류, 과일, 설탕에 많이 들어 있는 탄수화물은 몸속에서 포도당이 되어 간과 장에서 혈액으로 운반된 후 온몸의 에너지원이 된다. 남은 포도당은 인슐린이 중성지방으로 바꿔서 지방세포에 집어넣는다. 그래서 탄수화물을 많이 섭취하면 할수록 비만 체형으로 바뀌는 것이다(조선일보 2014년 6월 5일).

2010년 칼슘섭취 부족인구는 65%를 초과하였고, 단백질과 인을 제외한 대부분의 영양소를 부족하게 섭취하는 인구가 25%를 초과하였다. 영양섭취 부족자 비율은 소득수준이 낮을수록 높았으나 에너지와 지방을 과잉섭취하는 사람들의 비율은 소득수준이 높을수록 높았다. 권성옥과 오세영(2007)의 연구에 의하면 소득수준이 낮을수록 식품안정성이 확보된 가구 비율이 낮았다. 또한 농촌에 거주하고 있는 노인들의 식품불안정도 높은 것으로 나타났다(최정숙, 지선미, 박영희, 2009).

(3) 비만인구 및 만성질환 증가

성인비만율이 1998년에 26.0%에서 2010년에 30.8%로 증가하였고, 6-11세는 5.8%에서 8.8%로, 12-18세는 9.2%에서 12.7%로 증가하였다. 비만율은 남성의 경우는 소득수준이 높은 계층이, 여성의 경우는 소득수준이 낮은 계층이 더 높았다. 인구고령화로 노인진료비가 2002년에 3700억원, 2007년에 9100억원, 2011년에 15조 4천억원으로 증가하였다.

비만은 그 자체로 심각한 질병일 뿐 아니라 고혈압과 심혈관질환, 당뇨병 등 만성질환과 관련된 사망률을 증가시키는 것으로 알려졌고, 삶의 질과 사회심리적 건강에도 영향을 미친다. 이는 의료비 지출을 증가시켜 국가의 사회경제적 차원에서도 큰 부담이 되고 있다. 연구대상과 관점에 따라 결과는 다양하나 서구 선진국의 비만과 관련된 질병에 소요되는 직접 비용은 총 국민의료비 지출의

2~7%를 차지하는 것으로 보고되고 있고, 개인 수준에서도 비만인 사람은 정상인 사람에 비해 약 30%의 의료비를 더 지출하고 있다(Tsai 등, 2011; Withrow D., 2011; 윤난희와 권순만, 2013).

생활양식의 변화로 고혈압, 당뇨병, 뇌혈관질환, 심장질환 등과 같은 만성질환 의료비가 2005년 9,162억원에서 2009년에 13조 6천억원으로 증가하였다. 2010년 국민건강통계에 의하면 30세 이상 성인의 유병률은 고혈압이 26.9%, 당뇨병이 9.7%, 고콜레스테롤혈증이 13.5%로 나타났다. 고혈압과 당뇨병 등 선행질환 인지율은 높아지고 있으나 조절율은 20~30%에 불과하고, 만성질환의 예방과 조절에 필요한 영양관리가 체계적으로 이루어지지 못하고 있었다. 이러한 문제를 해결하기 위하여 새정치민주연합 강기정의원은 만성질환과 희귀난치질환을 관리하기 위한 국가차원의 시스템을 구축하는 것을 목적으로 하는 만성질환 및 희귀난치성질환 관리법안 제정안을 2014년 7월에 국회에 제출했다(의협신문, 2014 7월 28일)

(4) 건강한 식생활 실천 미흡

영양표시제도는 가공식품의 영양과 관련된 성분 특징을 일정한 기준과 방법에 따라 포장(겉면)에 표시해 소비자에게 식품의 정확한 영양성분과 그 함량을 알게 함으로써 건강에 적합한 식품을 선택할 수 있도록 도와주는 제도이다. 우리나라에서는 영양표시제를 1994년 처음 도입하여 영양성분 표시 기준을 제정, 시행해 오고 있다.

2010년 국민건강통계의 의하면 성인들의 영양표시 이용율은 24.9%로 매우 낮았고, 식생활지침 인지율도 15.1%에 불과하였고, 저소득층의 인지율이 더 낮았다. 아침식사를 거르는 비율은 2005년부터 2010년까지 약 21%로 줄어들지 않았고, 특히 10대와 20대의 결식율이 높았다.

이처럼 영양표시제도를 이용하는 빈도가 낮은 원인은 대다수 소비자로 하여금 영양표시 교육이 제대로 진행되고 있지 않은 부분에서 나타난 문제점이라고 파악된다. 따라서 이러한 부분을 해결하는 방안으로 해당 식품의 영양소를 더 쉽게 파악하고, 이해 수 있게 표지개선 및 교육 확대가 필요하다. 같은 성분의 식품 첨가물이라도, 개별적인 특성에 따라 인체에 미치는 반응이 다를 수 있기 때문에 유아와 청소년을 위한 영양표시를 강화할 필요가 있다. 아이들이 섭취하는 빈도 높은 식품에 대하여 '해당 식품은 비만, 아토피, 당뇨 등의 질병을 유발할 수 있다'는 경고문을 표시할 필요가 있다(김태양, 한두봉, 안정훈, 이상형, 2013).

(5) 외식의 일상화와 가공식품 이용 증가

2007년 가계동향조사에 의하면 식료품비중에서 외식비가 차지하는 비율이 1982년에 6.0%에서 점점 증가하기 시작하여 2001년에 41.1%, 2007년에 47.0%로 크게 증가하였다. 또한 취업주부들이 증가하면서 식생활을 간소화하려는 경향이 크게 증가해서 가공식품과 인스턴트식품의 이용도 증가하였다. 소비자들이 외식을 할 때 메뉴에 어떤 영양소가 어느 정도 들어 있는지를 알고, 자신에게 알맞은 식사를 스스로 판단하고 선택해서 먹는 것은 건강을 위한 중요한 생활습관의 하나가 될 수 있다. 그러므로 외식 메뉴에 대한 올바른 영양정보를 제공하고, 소비자가 몸에 좋은 건강 메뉴를 선택함으로써 올바른 식생활 문화 정착에 기여할 수 있다(유진아와 정희선, 2011).

2) 영양정책의 현황

(1) 주요 정책 실태

① 취약계층대상 영양지원 및 관리사업

최저생계비가 200% 미만인 가구의 임산부와 영유아 중에서 빈혈과 저체중 등과 같은 영양위험요인을 보유한 사람들에게 영양교육을 시키고 필수식품을 제공하는 영양플러스사업을 시행하였다. 영양플러스사업은 2005년부터 2007년에 시범사업을 거쳐 2008년에 153개 보건소에서 2012년엔 252개 보건소에서 실시하였다. 2011년에는 저소득층 아동의 식습관을 개선하고 비만을 예방하기 위하여 일부 지역아동센터를 이용하는 아동에게 과일과 채소를 제공하였다.

② 영양교육 및 상담사업

영양교육과 홍보 사업에서는 방송프로그램, 건강길라잡이와 같은 온라인 사이트를 활용하여 영양정보를 제공하고 소아비만을 예방하기 위한 교육용 DVD를 개발하여 보급하였다. 나트륨 줄이기 사업에서는 고속도로 휴게소, 푸드코트, 다중놀이시설 등에서 나트륨 함량의 자율표시제를 시행하게 하였고, 나트륨 저감화 레시피를 보급하였다. 학생 영양교육에서는 건강다이어리를 제작해서 보급하였고, 비만을 예방하기 위한 식사구성 가이드 및 교육 자료를 개발하여 보급하였다. 학교보건교육에서는 창의적 체험활동 시간을 통하여 17시간 이상 보건교육을 실시하였다.

③ 식품안전 및 위생관리사업

가격, 품질, 성분, 성능, 효력, 제조일자, 유효기간, 영양가치 등과 같은 영양정보를 포장이나 용기에 표시하는 식품영양표시제, 학교급식에 원산지를 표시하여 주간식단표 홈페이지에 공개하고 학교식단표에 알레르기 유발식품도 표시하게 하였다. 집단급식소에 근무하는 영양사와 조리사를 대상으로 식품위생교육을 실시하였고, 일반음식점 수의 5%내에서 모범음식점을 선정하여 운영하였다. 학교 경계선 200km 이내의 범위로 구역을 설정해서 정서저해식품과 부정불량식품의 판매를 제한하는 어린이 식품안전보호구역을 운영하고 있다. 어린이나 보호자가 기호식품을 살 때 영양정보를 쉽게 이해할 수 있도록 나트륨, 지방, 당류 등과 같은 영양성분의 높고 낮음을 표시하는 어린이 기호식품 신호등 표시제, 어린이 식생활 안전지수를 조사하여 공표하고 있다.

④ 영양조사 및 연구사업

국민건강영양조사에서는 매년 건강행태, 질병유병 등 600여종의 국민건강 및 영양상태에 대한 국가통계를 생산하여 OECD, WHO 등에 제공하고 있다. 또한 국민의 영양을 관리하기 위하여 바르게 알고 쉽게 실천할 수 있는 '한국인 영양섭취 기준', '생애주기별 식생활 지침' 등을 개발해서 보급하고 있다.

(2) 문제점

① 식품위생 및 안전관리 중심의 영양정책 추진

식생활이 서구화되고 만성질환이 증가함에 따라 건강개념의 영양정책의 필요성이 증가하였음에도 불구하고 집단급식소 식중독 예방 등과 같은 식품안전사고 방지 등과 같은 최소한의 위생과 안전관리에 치중하고 있었다. 또한 비만율이 지속적으로 증가하고 있고, 외식과 가공식품 섭취가 늘었기 때문에 보다 발전된 영양정책이 필요했다.

② 영양관리 기반연구에 대한 체계적이고 지속적 투자 미흡

근거 중심의 영양정책을 수립하고 시행하기 위한 기반지식이 부족하므로 영양문제를 진단하고 영양관리체계를 구축하기 위한 연구가 확대되어야 한다. 또한 한국인의 특성에 기반한 영양섭취기준을 제정하기 위한 연구사업에 지속적으로 투자가 이루어져야 한다.

③ 부처별, 기관별로 산발적이고 분절적인 사업 추진

보건복지부, 식품의약품안전처, 농림수산식품부, 교육과학기술부 등 관련 부처별로 단편적이고 분절적으로 영양관리사업이 수행되고 있었다. 그러므로 영양사협회, 비만학회, 영양학회 등 관련기관이 개별적으로 수행하고 있는 활동을 조정하고 활용할 필요성이 대두되었다.

④ 올바른 식생활 영양관리에 대한 대국민 홍보와 교육 미흡

건강에 필수적인 영양관리에 대한 국민들의 인식과 지식이 부족하여 일반 국민들의 올바른 식생활 실천율이 하락하고 있었다. 그럼에도 불가하고 영양관리가 중요하고 자기관리가 가능함에도 불구하고 이에 대한 대국민 홍보와 교육은 미미한 수준이었다.

⑤ 생애주기별 영양관리 정책 미흡

영양관리가 절실한 임산부와 영유아를 대상으로 한 영양지원사업이 시행되고 있었으나 아동, 성인, 노인 등 다양한 생애주기별 정책이 이루어지지 못하고 있었다. 또한 독거노인, 다문화가정 등 새롭게 등장한 영양취약계층에 대한 영양관리대책도 없었다.

2. 국민영양관리법의 제정과정

2013년 3월 26일에 제정된 국민영양관리법은 영양을 단독으로 다룬 우리나라

최초의 독립법이라는 점에서 큰 의미가 있다. 이 법은 영양정책이 건강정책의 일부였던 과거의 방식과 달리 영양 분야를 다룬 단독정책을 마련할 수 있는 법적 제도적 토대를 마련했다는 점에서 매우 중요한 역할을 하고 있다(최혜미, 김경원, 김창임, 김희선, 손정민, 최경숙, 현태선, 2011).

1) 정책토론회 개최

국민의 삶의 질을 제고해야 한다는 차원에서 체계적인 국가 영양관리체계를 구축하는 것이 필요하며 영양정책 전담부서를 신설해야 한다는 요구가 높아지면서 국민건강관리법에 대한 관심이 높아지기 시작하였다. 한국영양학회가 주관하고 보건복지위원회 소속인 김선미의원의 주최로 2005년 6월 8일에 국회 헌정기념관에서 '국민영양 이대로 좋은가'를 주제로 정책토론회가 열렸다. 김선미의원은 이날 토론회에서 영양관리체계 구축과 함께 영양정책 전달기구 마련이 필요하다고 전제하고 영양문제에 대한 국민적 관심을 환기시키고 해결방안의 모색을 위해 지속적으로 관련 토론회를 개최하겠다고 밝혔다.

이날 토론회에서 발제자로 나선 서울대 보건대학원의 정효지교수는 국민의 영양관리는 궁극적으로 국민의 삶의 질을 제고하기 위한 것이라며 영양연구의 활성화와 적극적인 지원, 영양연구 결과를 반영한 정책의 입안과 함께 영양관리 전담부서의 확충 등이 가장 시급한 과제라고 강조했다. 토론자로 나선 식품의약품안전처의 박혜경 영양평가과장은 균형을 이루지 못한 식생활 때문에 사회적 비용이 급격히 증가하고 있는 현실을 감안할 때 보다 적극적이고 체계적인 대국민 홍보·교육 프로그램을 개발하는 등의 노력이 필요하다는 입장을 보였다.

호서대 식품영양학과 정혜경 교수, 인제대 서울백병원 가정의학과 강재헌교수, 대한영양사협회 병원영양사 이은회장, 한양대 문화인류학과 교수이면서 남북어린이 어깨동무이사인 정병호교수 등도 거시적인 영양정책과 함께 전담기구 신설이 필요하다는데 의견을 모았다. 특히 고유의 영양정책과 프로그램의 개발, 북한동포에 대한 영양정책, 의료복지 정책의 수립과 실천, 식생활 안전관리 기반 등 다양한 문제들에 대해 의견을 나누고 지속적으로 노력해 나간다는데 뜻을 같이 했다(식품일보 2005년 6월 10일).

2) 공청회 개최

2006년 12월 1일에는 보건복지부의 후원으로 한국보건산업진흥원이 국민영양기본법안 마련을 위한 공청회를 한국언론재단 기자회견장에서 개최했다. 이 공청회에서는 국내 영양전문가들이 모여서 국민영양기본법안에 대한 각계의 의견을 표명했다. 보건복지부 전병율 팀장은 사회적으로 저출산과 고령화를 비롯해 외식 비중이 급격히 늘어나면서 영양문제가 대두되고 있기 때문에 보건복지부는 2006년도 국민건강증진사업 정책연구과제의 일환으로 한국보건산업진흥원에 국민영양기본법안 마련을 위한 연구 용역사업을 발주했다고 설명했다.

한국보건산업진흥원 이행신 책임연구원도 2004년 말부터 정부, 학계, 관련단체, 법률전문가 등으로 구성된 위원회를 구성해 (가칭)국민영양기본법 마련을 위한 연구를 추진했다고 소개했다. 국민영양기본법안에는 영양관련 연구를 전문적으로 수행하는 조직인 '한국영양연구원' 설립과 더불어 처음으로 보건복지부장관이 영양사 면허 이외에 전문영양사 자격을 인정한다는 조항이 신설됐다. 또 영양사의 면허, 영양사의 결격사유, 영양사의 면허취소 등 현행 식품위생법에 포함된 내용이 들어있어 이 법이 제정될 경우 식품위생법이 개정되어야 했다.

곽동경 대한영양사협회장은 당시 식품위생법은 식품과 위생분야에 중점을 두고 있고 상황에 따라 유동적인 영양사업무에 대한 규정이 미흡하기 때문에 새롭게 제정되는 국민영양기본법(안)에는 영양사의 면허, 직무, 결격사유 등에 대한 조항이 보완돼야 한다고 주장했다. 이상선 한국영양학회장은 미국, 일본, 필리핀 등 해외 여러 국가는 자국민의 영양 및 건강증진을 도모하는데 필요한 과학적인 연구자료를 국가출연 영양연구소를 통해 활용하고 있으므로 우리나라도 영양 및 건강 문제를 전문적으로 연구하고 정책을 입안할 수 있는 독립적인 기관인 가칭 영양연구원의 설치가 시급하다고 주장했다. 영양연구원에서는 영양대사, 유전체 영양, 영양모니터링, 식생활문화, 영양지원 및 교육정보 등의 연구를 수행해야할 것이라고 제시했다.

한편 소비자시민모임 김자혜 사무총장은 국민영양기본법안 마련의 필요성은 공감대가 형성됐지만, 이 법이 마련된다고 국민의 영양문제가 해결되는 것은 아니라고 주장했다. 그러므로 국민영양기본법안의 기본방향이 다각적으로 움직이고 있는 민간단체의 역할과 중복되는 것은 비효율적이므로 집단 급식을 통한 어린이 및 청소년의 영양정책과 이에 따른 관리에 초점을 맞춘 법이 제정돼야 한다고 강조했다.

이종영 법대교수도 국민영양 증진은 식품위생법과 국민건강증진법에서 분산 관리돼 통합적인 국민영양증진이 이루어지지 못하고 있고 기본법이 아닌 단독으로 존재하는 법률이므로 명칭을 국민영양증진법으로 하는 것이 적합하다고 조언했다. 중앙공무원연수원의 김성호 교수는 국민영양기본법안이 영양사의 영양관리사업 및 영양교육을 배타적으로 수행시킬 수 있다고 우려했다. 김 교수는 이 법안에 따르면 현재 학부모가 자녀에게, 담임교사가 학생에게 영양교육을 하는 것은 법의 제재처분 대상자가 되기 때문에 불합리하므로 배타적인 규정을 삭제하거나 영양교육 중 영양사만 수행할 업무를 특정하는 방향으로 검토해 볼 필요가 있다고 지적했다. 또한 이 법안이 헌법에서 보장하고 있는 평등의 원칙, 직업 선택의 자유와 관련해 정당성을 가질 수 있는지도 고려해야 하고, 시 · 군 · 구가 이중으로 국민영양시행계획 및 국민영양기본계획을 수립하여 시행하도록 되어 있어 실효성이 없을 것으로 보인다고 하였다(푸드투데이 2006년 12월 1일).

3) 국민영양기본법안 발의

2007년 10월 26일 17개 국회에 처음으로 국민영양기본법안이 대표발의자 김영선 의원, 공동발의자 곽성문, 김무성, 김영선, 김재원, 박계동, 박세환, 송영선, 엄호성, 이계경, 이인기, 이해봉, 정의화 등 12명의 이름으로 접수되었으나, 위원회 심사 임기가 만료되어 폐기되었다.

이 법안을 제안한 이유를 요약하면 다음과 같다.

우리사회는 개인소득의 증가와 생활수준의 향상에 따른 과다한 영양섭취로 비만과 성인병이 큰 사회적 문제가 되고 있으며 운동부족, 흡연 · 음주, 불규칙적인 식습관 등으로 국민의 건강수준은 갈수록 악화되고 있다. 특히 청소년의 경우 상당수가 불규칙적인 식생활습관을 가지고 있으며 이로 인해 4명 중 1명이 비만에 시달린다는 연구결과가 있으며 최근 들어서는 소아들마저도 비만을 걱정해야 하는 실정이다.

특히 저소득층의 경우 영양부족 또는 불균형한 영양섭취로 인하여 받는 고통의 정도가 일반인에 비하여 훨씬 더하지만 이들에 대한 영양대책은 기초생활보장비 지급을 통한 식비 지원과 무의탁 노인 · 결식아동 등 취약계층에 대한 급식 지원에 그치고 있다. 이에 따라 체계적인 국민영양관리를 위하여 국민영양관리계획을 수립 · 시행하고 연령 · 계층 · 질병 등의 기준에 맞춘 영양관리사업을 실시하도록 하는 법률을 제정함으로써 모든 국민의 영양증진을 도모하여 건강을 증진시키고 삶의 질 향상에 이바지할 수 있도록 하려는 것이다.

이 법안의 주요 내용은 다음과 같다.

① 국민영양관리기본계획의 수립 · 조정 및 중 · 장기적 국민영양 정책목표와 추진방향 등에 관한 사항을 심의하기 위하여 보건복지부에 국민영양관리정책심의위원회를 두도록 함(안 제4조).

② 보건복지부장관에게 관계 중앙행정기관의 장과의 협의 및 국민영양관리정책심의위원회의 심의를 거쳐 5년마다 국민영양관리기본계획을 수립하도록 함(안 제5조).

③ 기본계획에 따라 시 · 도지사에게 매년 국민영양관리시행계획을 수립 · 시행하도록 하고 그 시행계획 및 추진실적을 보건복지부장관에게 제출하도록 함(안 제6조).

④ 국민의 식생활관리 및 영양개선을 위하여 영양교육사업, 생애주기별 영양관리사업, 영양취약계층의 영양관리사업, 시설 및 단체의 영양관리사업, 질병예방을 위한 영양관리사업, 지역사회의 영양문제에 관한 조사·연구사업 등의 영양관리사업을 실시하도록 함(안 제7조부터 제12조까지).

⑤ 국민영양과 관련된 연구를 수행하기 위하여 보건복지부에 한국영양연구원을 두도록 함(안 제21조).

⑥ 영양사의 자격조건을 대학 · 산업대학 또는 전문대학에서 식품영양학을 전공한 자와 보건복지부장관이 인정하는 외국의 대학 또는 전문대학에서 식품영양학을 전공하고 그 영양사 면허를 받은 자로 함(안 제23조).

⑦ 전문적인 영양지도 및 상담, 영양사에 대한 자문과 교육 등의 업무를 수행하는 전문영양사의 면허를 신설함(안 제29조 및 제30조).

⑧ 집단급식소에 종사하는 영양사 및 전문영양사는 매년 보수교육을 받도록 함(안 제31조).

4) 국민영양관리법안 국회 상임위원회 통과

손숙미의원은 2008년 9월 9일에 국회의원 26명의 공동발의로 국민영양기본법안을 발의하였으나, 이때 발의한 국민영양기본법안을 폐기하고, 2008년 11월 6일에 손숙미, 김영순, 강용석, 김소남, 남경필, 안홍준, 원희룡, 원희옥, 유재중, 임두성, 조문환, 조진래 등 12명 의원이 공동으로 다시 국민영양기본법안을 발의하였다.

이 국민영양관리법안은 몇 차례 법안심사소위 논의를 거쳐 2009년 12월 10일 소위를 통과했으며, 28일에는 보건복지가족위원회 전체회의에서 만장일치로 통과됐다. 국민영양관리법안은 생활수준의 향상에 따른 영양 과다 섭취로 비만과 성인병이 큰 사회적 문제가 되고 있고, 특히 운동부족이나 잘못된 식습관으로 인한 국민의 건강 악화는 그대로 의료비 증가의 원인이 되고 있는 현실에서 국민의 올바른 식생활과 영양관리를 위해 제정된 것이라고 손숙미의원실은 설명했다.

법안의 주요내용은 정부는 국민영양관리기본기획을 5년마다 수립하도록 할 것, 영양취약계층을 위한 영양관리사업을 반드시 실시토록 할 것, 국민의 식품섭취, 식생활 등에 대한 영양 및 식생활 조사를 정기적으로 실시하고 식생활지침을 개발하도록 할 것, 임상영양사의 자격을 법으로 명시할 것 등이다.

손숙미 의원은 “본 제정안의 통과로 그동안 신체활동량 감소와 잘못된 식습관 등으로 인한 만성질환을 줄이고, 저소득층에 대한 올바른 영양관리가 이뤄지게 되었을 뿐만 아니라 전 국민을 대상으로 하는 체계적인 건강관리계획 수립이 가능하게 되어 만성질환 치료에 소요되는 막대한 건강보험 재정도 대폭 절감될 것으로 기대한다.”고 말했다(헬스코리아뉴스, 2009년 12월 29일).

5) 국민영양관리법의 제정

보건복지부는 2010년 3월 26일에 국민영양관리법을 제정하였고, 2013년 3월 23일에 시행령을 공표하고, 2013년 4월 17일에 시행규칙을 공표함으로써 지금까지 영양정책의 주요한 목표로 규정되었던 영양개선에서 영양관리로 정책의 패러다임을 전환하였다.

3. 국민영양관리법의 내용

1) 총칙

(1) 목적

이 법은 국민의 식생활에 대한 과학적인 조사 · 연구를 바탕으로 체계적인 국가영양정책을 수립 · 시행함으로써 국민의 영양 및 건강 증진을 도모하고 삶의 질 향상에 이바지하는 것을 목적으로 한다. 이 법에서 식생활이란 식문화, 식습관, 식품의 선택 및 소비 등 식품의 섭취와 관련된 모든 양식화된 행위를 말한다. 영양관리란 적절한 영양의 공급과 올바른 식생활 개선을 통하여 국민이 질병을 예방하고 건강한 상태를 유지하도록 하는 것을 말한다. 영양관리사업이란 국민의 영양관리를 위하여 생애주기 등 영양관리 특성을 고려하여 실시하는 교육·상담 등의 사업을 말한다.(법 1조와 2조)

(2) 국가 및 지방자치단체의 의무

① 국가 및 지방자치단체는 올바른 식생활 및 영양관리에 관한 정보를 국민에게 제공하여야 한다.

② 국가 및 지방자치단체는 국민의 영양관리를 위하여 필요한 대책을 수립하고 시행하여야 한다.

③ 지방자치단체는 영양관리사업을 시행하기 위한 공무원을 둘 수 있다.

(3) 영양사 등의 책임

① 영양사는 지속적으로 영양지식과 기술의 습득으로 전문능력을 향상시켜 국민영양개선 및 건강증진을 위하여 노력하여야 한다.

② 식품 · 영양 및 식생활 관련 단체와 그 종사자, 영양관리사업 참여자는 자발적 참여와 연대를 통하여 국민의 건강증진을 위하여 노력하여야 한다.

(4) 국민의 권리 등

① 누구든지 영양관리사업을 통하여 건강을 증진할 권리를 가지며 성별, 연령, 종교, 사회적 신분 또는 경제적 사정 등을 이유로 이에 대한 권리를 침해받지 아니한다.

② 모든 국민은 올바른 영양관리를 통하여 자신과 가족의 건강을 보호 · 증진하기 위하여 노력하여야 한다.

2) 국민영양관리 기본계획과 시행계획

보건복지부장관은 관계 중앙행정기관의 장과 협의하고 「국민건강증진법」 제5조에 따라 국민건강증진정책심의위원회의 심의를 거쳐 국민영양관리기본계획(이하 "기본계획"이라 한다)을 5년마다 수립하여야 한다. 시장 · 군수 · 구청장은 기본계획에 따라 매년 국민영양관리시행계획을 수립·시행하여야 하며 그 시행계획 및 추진실적을 시 · 도지사를 거쳐 보건복지부장관에게 제출하여야 한다. 보건복지부장관은 시 · 도지사로부터 제출된 시행계획 및 추진실적에 관하여 보건복지부령으로 정하는 방법에 따라 평가하여야 한다. 시행계획의 수립 및 추진 등에 필요한 사항은 보건복지부령으로 정하는 기준에 따라 해당 지방자치단체의 조례로 정한다.

3) 국민영양정책 등의 심의위원회

국민의 영양관리를 위하여 ① 국민영양정책의 목표와 추진방향에 관한 사항, ② 기본계획의 수립에 관한 사항, ③ 그 밖에 영양관리를 위하여 위원장이 필요하다고 인정한 사항을 심의한다.

4) 영양관리사업

국가 및 지방자치단체는 국민의 건강을 위하여 영양·식생활 교육을 실시하여야 하며 영양·식생활 교육에 필요한 프로그램 및 자료를 개발하여 보급하여야 한다. 2011년 6월 7일에 개정된 법에서는 국가 및 지방자치단체는 영양취약계층 등의 영양관리사업으로 다음과 같은 사업을 실시할 수 있다고 규정하고 있다.

① 영유아, 임산부, 아동, 노인, 노숙인 및 사회복지시설 수용자 등 영양취약계층을 위한 영양관리사업
② 어린이집, 유치원, 학교, 집단급식소, 의료기관 및 사회복지시설 등 시설 및 단체에 대한 영양관리사업
③ 생활습관질병 등 질병예방을 위한 영양관리사업
④ 고위험군 · 만성질환자 등에게 영양관리식 등을 제공하는 영양관리서비스 산업의 육성을 위한 사업
⑤ 그 밖에 국민의 영양관리를 위하여 보건복지부장관이 필요하다고 인정하는 사업

영양관리사업의 구체적인 내용은 다음과 같다.

(1) 영양 · 식생활 교육사업

국가 및 지방자치단체는 국민의 건강을 위하여 영양 · 식생활 교육을 실시하여야 하며 영양 · 식생활 교육에 필요한 프로그램 및 자료를 개발하여 보급하여야 한다. 영양 · 식생활 교육의 대상 · 내용 · 방법 등에 필요한 사항은 보건복지부령으로 정하도록 되어 있다. 보건복지부장관, 시·도지사 및 시장 · 군수 · 구청장은 국민 또는 지역 주민에게 영양 · 식생활 교육을 실시하여야 하며, 이 경우 생애주기 등 영양관리 특성을 고려하여야 한다. 영양·식생활 교육의 내용은 다음 각 호와 같다.

① 생애주기별 올바른 식습관 형성·실천에 관한 사항
② 식생활 지침 및 영양소 섭취기준
③ 질병 예방 및 관리

④ 비만 및 저체중 예방·관리
⑤ 바람직한 식생활문화 정립
⑥ 식품의 영양과 안전
⑦ 영양 및 건강을 고려한 음식만들기
⑧ 그 밖에 보건복지부장관, 시 · 도지사 및 시장 · 군수 · 구청장이 국민 또는 지역 주민의 영양관리 및 영양개선을 위하여 필요하다고 인정하는 사항

(2) 영양취약계층 등의 영양관리사업

2011년 6월 7일에 개정된 법에서는 국가 및 지방자치단체가 다음과 같은 영양관리사업을 실시할 수 있도록 규정하고 있다.

① 영유아, 임산부, 아동, 노인, 노숙인 및 사회복지시설 수용자 등 영양취약계층을 위한 영양관리사업
② 어린이집, 유치원, 학교, 집단급식소, 의료기관 및 사회복지시설 등 시설 및 단체에 대한 영양관리사업
③ 생활습관질병 등 질병예방을 위한 영양관리사업

(3) 통계 · 정보 수집과 관리

보건복지부장관은 영양정책 및 영양관리사업 등에 활용할 수 있도록 식품 및 영양에 관한 통계 및 정보를 수집 · 관리하여야 한다. 보건복지부장관은 통계 및 정보를 수집 · 관리하기 위하여 필요한 경우 관련 기관 또는 단체에 자료를 요청할 수 있고, 자료를 요청받은 기관 또는 단체는 이에 성실히 응하여야 한다.

(4) 영양관리를 위한 영양 및 식생활 조사

국가 및 지방자치단체는 지역사회의 영양문제에 관한 연구를 위하여 다음과 같은 조사를 실시할 수 있다.

① 식품 및 영양소 섭취조사

② 식생활 행태 조사
③ 영양상태 조사
④ 그 밖에 영양문제에 필요한 조사로서 대통령령으로 정하고 있는 사항
- 식품의 영양성분 실태조사
- 당 · 나트륨 · 트랜스지방 등 건강 위해가능 영양성분의 실태조사
- 음식별 식품재료량 조사
- 그 밖에 국민의 영양관리와 관련하여 보건복지부장관 또는 지방자치단체의 장이 필요하다고 인정하는 조사

또한 보건복지부장관은 국민의 식품섭취 · 식생활 등에 관한 국민 영양 및 식생활 조사를 정기적으로 실시하여야 하고, 조사 시기와 방법, 그 밖에 필요한 사항은 대통령령으로 정하고 있다. 즉 보건복지부장관은 영양관리를 위한 영양 및 식생활 조사를 국민건강증진법 제16조에 따른 국민영양조사에 포함하여 실시해야 한다. 식품의약품안전처장은 가공식품과 식품접객업소 · 집단급식소 등에서 조리 · 판매 · 제공하는 식품 등에 대한 실태조사를 식품의약품안전처장이 정한 기준에 따라 매년 실시해야 한다. 보건복지부장관은 식품접객업소 및 집단급식소 등의 음식별 식품재료에 대한 실태조사를 보건복지부장관이 정한 기준에 따라 매년 실시한다.

(5) 영양소 섭취기준 및 식생활 지침의 제정 및 보급

보건복지부장관은 국민건강증진에 필요한 영양소 섭취기준을 제정하고 정기적으로 개정하여 학계 · 산업계 및 관련 기관 등에 체계적으로 보급하여야 하고, 국민건강증진과 삶의 질 향상을 위하여 질병별 · 생애주기별 특성 등을 고려한 식생활 지침을 제정하고 정기적으로 개정 · 보급하여야 한다. 영양소 섭취기준 및 식생활 지침의 발간 주기는 5년으로 하되, 필요한 경우 그 주기를 조정할 수 있다.

영양소 섭취기준에 포함되어야 하는 내용은 다음과 같다.

① 국민의 생애주기별 영양소 요구량(평균 필요량, 권장 섭취량, 충분 섭취량 등) 및 상한섭취량

② 영양소 섭취기준 활용을 위한 식사 모형

③ 국민의 생애주기별 1일 식사 구성안

④ 그 밖에 보건복지부장관이 영양소 섭취기준에 포함되어야 한다고 인정하는 내용

식생활 지침에 포함되어야 하는 내용은 다음과 같다.

① 건강증진을 위한 올바른 식생활 및 영양관리의 실천

② 생애주기별 특성에 따른 식생활 및 영양관리

③ 질병의 예방·관리를 위한 식생활 및 영양관리

④ 비만과 저체중의 예방·관리

⑤ 영양취약계층, 시설 및 단체에 대한 식생활 및 영양관리

⑥ 바람직한 식생활문화 정립

⑦ 식품의 영양과 안전

⑧ 영양 및 건강을 고려한 음식 만들기

⑨ 그 밖에 올바른 식생활 및 영양관리에 필요한 사항

5) 영양관리를 위한 영양 및 식생활 조사

보건복지부장관은 영양정책 및 영양관리사업 등에 활용할 수 있도록 식품 및 영양에 관한 통계 및 정보를 수집·관리하여야 하고, 이를 위하여 필요한 경우 관련 기관 또는 단체에 자료를 요청할 수 있으며, 자료를 요청받은 기관 또는 단체는 이에 성실히 응하여야 한다.

6) 영양소 섭취기준 및 식생활 지침의 제정 및 보급

보건복지부장관은 국민건강증진에 필요한 영양소 섭취기준을 제정하고 정기적으로 개정하여 학계·산업계 및 관련 기관 등에 체계적으로 보급하여야 한다. 보건복지부장관은 국민건강증진과 삶의 질 향상을 위하여 질병별·생애주기별 특성 등을 고려한 식생활 지침을 제정하고 정기적으로 개정·보급하여야 한다.

7) 영양사의 면허 및 교육 등

영양사가 되고자 하는 사람은 다음 각 호의 어느 하나에 해당하는 사람으로서 영양사 국가시험에 합격한 후 보건복지부장관의 면허를 받아야 한다.

① 「고등교육법」에 따른 학교에서 식품학 또는 영양학을 전공한 자로서 교과목 및 학점이수 등에 관하여 보건복지부령으로 정하는 요건을 갖춘 사람
② 외국에서 영양사면허를 받은 사람
③ 외국의 영양사 양성학교 중 보건복지부장관이 인정하는 학교를 졸업한 사람

그러나 다음 각 호의 어느 하나에 해당하는 사람은 영양사의 면허를 받을 수 없다.

① 「정신보건법」 제3조제1호에 따른 정신질환자. 다만, 전문의가 영양사로서 적합하다고 인정하는 사람은 그러하지 아니하다.
② 「감염병의 예방 및 관리에 관한 법률」 제2조제13호에 따른 감염병환자 중 보건복지부령으로 정하는 사람
③ 마약·대마 또는 향정신성의약품 중독자
④ 영양사 면허의 취소처분을 받고 그 취소된 날부터 1년이 지나지 아니한 사람

영양사는 다음 각 호의 업무를 수행한다.

① 건강증진 및 환자를 위한 영양·식생활 교육 및 상담
② 식품영양정보의 제공
③ 식단작성, 검식(檢食) 및 배식관리
④ 구매식품의 검수 및 관리
⑤ 급식시설의 위생적 관리
⑥ 집단급식소의 운영일지 작성
⑦ 종업원에 대한 영양지도 및 위생교육

보건복지부장관은 영양사의 면허를 부여할 때에는 영양사 면허대장에 그 면허에 관한 사항을 등록하고 면허증을 교부하여야 한다. 영양사는 면허증을 다른 사람에게 대여하지 못한다. 영양사 면허를 받지 아니한 사람은 영양사 명칭을 사용할 수 없다. 보건기관·의료기관·집단급식소 등에서 각각 그 업무에 종사하는 영양사는 영양관리수준 및 자질 향상을 위하여 보수교육을 받아야 한다. 영양사는 대통령령으로 정하는 바에 따라 최초로 면허를 받은 후부터 3년마다 그 실태와 취업상황 등을 보건복지부장관에게 신고하여야 한다.

보건복지부장관은 영양사가 면허를 받을 수 없음에도 불구하고 면허를 받는 경우, 면허정지처분 기간 중에 영양사의 업무를 하는 경우, 3회 이상 면허정지처분을 받은 경우에 그 면허를 취소할 수 있다. 보건복지부장관은 영양사가 그 업무를 행함에 있어서 식중독이나 그 밖에 위생과 관련한 중대한 사고 발생에 직무상의 책임이 있는 경우, 면허를 타인에게 대여하여 이를 사용하게 한 경우 6개월 이내의 기간을 정하여 그 면허의 정지를 명할 수 있다. 보건복지부장관은 면허취소처분 또는 면허정지처분을 하고자 하는 경우에는 청문을 실시하여야 한다.

8) 영양사협회

영양사는 영양에 관한 연구, 영양사의 윤리 확립 및 영양사의 권익증진 및 자질향상을 위하여 대통령령으로 정하는 바에 따라 영양사협회를 설립할 수 있다. 협회는 법인으로 하고, 협회에 관하여 이 법에 규정되지 아니한 사항은 「민법」 중 사단법인에 관한 규정을 준용한다.

4. 국민영양관리 기본계획

보건복지부장관은 국민영양관리 기본계획을 수립할 때 기본계획안을 작성하여 관계 중앙행정기관의 장에게 통보하여야 하고, 기본계획안에 관계 중앙행정기관의 장으로부터 수렴한 의견을 반영하여 국민건강증진법 제5조에 따른 국민건강증진정책심의위원회의 심의를 거쳐 5년마다 수립하여 국민영양관리기본계획을 확정하여야 한다. 국민영양관리기본계획에는 다음과 같은 사항이 포함되어야 한다.

① 기본계획의 중장기적 목표와 추진방향
② 다음 각 목의 영양관리사업 추진계획
 - 영양·식생활 교육사업
 - 영양취약계층 등의 영양관리사업
 - 영양관리를 위한 영양 및 식생활 조사
 - 그 밖에 대통령령으로 정하는 영양관리사업
③ 연도별 주요 추진과제와 그 추진방법
④ 필요한 재원의 규모와 조달 및 관리 방안
⑤ 그 밖에 영양관리정책수립에 필요한 사항

기본계획을 통보받은 시장·군수·구청장은 국민영양관리시행계획을 수립하여 매년 1월 말까지 특별시장·광역시장·도지사·특별자치도지사)에게 보고하여야 하며, 이를 보고받은 시·도지사는 관할 시·군·구의 시행계획을 종합하여 매년 2월 말까지 보건복지부장관에게 제출하여야 한다. 시장·군수·구청장은 국민영양관리시행계획을 지역보건법 시행령 제 5조에 따른 지역보건의료계획의 연차별 시행계획에 포함하여 수립할 수 있다.

시장·군수·구청장은 해당 연도의 시행계획에 대한 추진실적을 다음 해 2월 말까지 시·도지사에게 보고하여야 하며, 이를 보고받은 시·도지사는 관할 시·군·구의 추진실적을 종합하여 다음 해 3월 말까지 보건복지부장관에게 제출하여야 한다. 시장·군수·구청장은 지역 내 인구의 급격한 변화 등 예측하지 못한 지역 환경의 변화에 따라 필요한 경우에는 관련 단체 및 전문가 등의 의견을 들어 시행계획을 변경할 수 있다. 시장·군수·구청장은 시행계획을 변경한 때에는 지체 없이 이를 시·도지사에게 보고하여야 하며, 이를 보고받은 시·도지사는 지체없이 이를 보건복지부장관에게 제출하여야 한다. 보건복지부장관은 시행계획의 내용이 국가의 영양관리시책에 부합되지 아니하는 경우에는 조정을 권고할 수 있고, 제출받은 추진실적을 현황분석·목표·활동전략의 적절성 등 보건복지부장관이 정하는 평가기준에 따라 평가하여야 하고, 평가한 결과를 공표할 수 있다. <그림 1-1>에는 국민영양관리 시행계획을 수립하고 추진하기 위한 절차가 제시되어 있다.

보건복지부, 국민영양관리 기본계획 발표 (5년 단위, 제1차 : 2012~2016년)

⇨ 시 · 군 · 구, 차년도 시행계획 시 · 도 제출 (매년 1월말)

⇨ 시·도, 취합한 차년도 시행계획 보건복지부 제출 (매년 2월말)

⇨ 보건복지부, 시행계획 평가 및 필요시 실행계획 조정

⇨ 시 · 군 · 구, 전년도 추진실적 시 · 도에 제출 (다음 해 2월말)

⇨ 시 · 도, 전년도 추진실적 보건복지부 제출 (다음 해 3월말)

⇨ 보건복지부, 추진실적 평가

〈그림 1-1〉 국민영양관리 시행계획의 수립과 추진 절차

5. 어린이 식생활 안전관리

저출산과 고령화 시대가 급속도로 진행되면서 어린이들이 안전하고 바른 식생활을 통하여 건강한 세대로 성장할 수 있는 여건이 조성되어야 한다는 사회적 합의가 이루어지면서 2000년대 초반부터 어린이안전에 관한 정책이 주목을 받게되었다. 2003년에 「어린이 안전원년」이 선포되었고, 국무총리실에 「안전관리개선기획단」이 설치되었고, 대통령비서실에 「어린이안전점검자문단」설치되었고, 아

동안전종합대책이 수립되었다, 2008년에는 보건복지가족부가 「아동청소년 정책 5개년 계획」을 수립하는 등 어린이 정책에 대한 관심이 높아졌다. 어린이의 음식 선택은 영양과 건강에 큰 영향을 미치나 아침을 거르고, 인스턴트 음식, 고열량 위주의 간식과 외식 때문에 영향 불균형과 비만이 중요한 사회문제로 대두되게 되었다. 어린이의 식생활 안전과 영양섭취의 불균형을 해소하고, 바람직한 식생활환경을 조성하기 위한 정책이 수립되었다(김혜련, 2010).

1) 어린이 식생활 안전관리 특별법의 제정과정

2006년 어린이 먹을거리 안전 종합대책을 추진하기 위해서 사업단이 발족되고, 2007년 2월에는 「어린이 먹을거리 종합대책」이 발표되었으며, 2008년 3월에는 「어린이 식생활 안전관리특별법」이 제정되어 2009년 3월부터 시행되어 어린이 식생활 관련 사업의 법적 근거가 마련되었다. 이 특별법에서는 2010년부터 2012년까지 제1차 「어린이 식생활 안전관리 종합계획」을 수립하고, 시 · 도 등 지자체에서는 이 종합계획에 따라 지역 특성에 맞추어 시행계획을 마련하도록 하고 있다. 2013년에는 몇몇 의원 등이 발의하여 「어린이 식생활 안전관리특별법」이 일부 개정되었다.

이 특별법은 어린이 식생활과 영양관리를 위해서 어린이 기호식품 등에 알기 쉬운 영양표시 제도 도입, 어린이 기호식품의 광고제한 등과 함께 어린이 식품안전보호구역의 지정과 관리, 식생활정보의 제공, 어린이 단체급식 지원체계의 구축, 국가와 지자체의 어린이 식생활 종합계획의 수립과 시행에 대한 내용을 규정하고 있다. 2009년에 고열량 · 저영양 식품 영양성분 기준, 어린이 건강친화기업 지정기준, 어린이 기호식품 품질인증 기준, 어린이 식생활안전지수 조사항목 및 방법 등의 기준, 정서저해 식품 등의 판매 등 금지에 관한 규정 등이 공표되었다.

2013년에는 고열량 · 저영양 식품 영양성분 기준, 광고 제한 및 금지 대상 고열량 · 저영양 식품에 관한 규정, 어린이 기호식품 등의 영양성분 표시기준 및 방법에 관한 규정, 어린이 기호식품 품질인증 기준, 정서저해 식품 등의 판매 등 금지에 관한 규정 등이 일부 개정되었다. 또한 식품의약품안전처 행정처분사전심의위원회 운영 규정, 어린이 건강친화기업 지정 기준 및 어린이급식관리지원센터 운영의 위탁에 관한 규정, 어린이 식생활 안전지수의 조사 항목 및 방법 등의 기준 등에 관한 고시가 공표되었다.

홍진임과 정희선(2012)은 학부모를 대상으로 어린이 식생활 안전관리 특별법에 대한 효과적인 교육과 홍보방법을 알아보기 위한 조사를 하였다. 조사대상자인 학부모는 특별법 주요 문항을 대부분 숙지하고 있는 것으로 밝혀졌다. 안전한 어린이 기호식품 선택을 위해 가장 중요한 항목은 '어린이 기호식품의 기준 규격을 강화해야 한다'로 나타났다. 어린이 식생활 안전지수 관련 문항은 어린이 식생활 안전분야를 가장 중요하게 생각했고, 전업주부와 핵가족은 어린이 식생활 안전분야를, 대가족은 어린이 식생활 영양분야를 더 중요하게 생각했다. 어린이 식생활 안전관리에 대한 정보취득 경로는 주로 대중매체와 가족 및 친구로 나타났고, 월수입이 높을수록 전문서적을, 30세 이상~50세미만은 대중매체를, 대졸의 경우 시민사회단체를 더 많이 활용하는 것으로 조사되었다. 어린이 식생활 안전교육을 받게 될 경우 위생적인 식생활 정보와 가공식품영양표시제정보를 주로 희망하는 것으로 나타났고, 전업 주부는 가공식품영양표시제정보에, 직장인은 위생적인 식생활 정보에 더 많은 관심을 보였다. 어린이 식생활 안전관리 특별법을 학부모들에게 알리는 방법에 대해서는 TV, 라디오 등 방송매체를 통한 홍보와 학교 교육을 통한 홍보가 효과적이라고 생각하고 있었다.

2) 어린이 식생활 안전관리 종합계획의 추진

어린이 식생활을 안전하게 관리하기 위한 다양한 목표와 추진과제들이 검토되었고, 전문가 의견 및 담당 공무원 의견수렴을 위한 연구와 수차례의 공개토론회 및 관련 부서 그리고 부처 의견수렴과정과 어린이식생활안전관리 위원회의 의결을 거쳐 어린이 식생활안전관리 종합계획안이 <표 1-1> 제시되었으나, 최종적으로 <그림 1-2>와 같이 결정되었다. 어린이 식생활 안전관리 종합계획의 비전과 핵심목표가 제시되어 있다. 또한 핵심목표를 이룩하기 위한 4개의 전략이 제시되었고, 각 전략과 관련된 세부추진과제가 제시되어 있다. <표 1-1>에서 제시되었던 세부실천과제중 일부가 <그림 1-2>에서는 삭제되었다.

〈표 1-1〉 어린이 식생활안전관리 종합계획의 핵심전략과 과제

확정안		
핵심 전략	중점 과제	세부 실천과제
어린이 식생활 안전 환경 조성	학교 및 학교 주변 어린이 기호식품 안전관리 확대 · 강화	· 식품안전보호구역 구분 지정 및 관리 영역 확대
		· 식품안전보호구역 내 무신고 식품판매업체 판매금지 추진
		· 학교 및 학교 주변 모니터링 체계화
	어린이 기호식품 판매환경 개선	· 우수판매업소 지정 확대 및 정보제공 시스템 구축 · 운영
		· 고열량 · 저영양 식품 목록 공개 및 신고제도 마련
	어린이 건강 식생활 미디어 등 환경 조성	· 고열량 · 저영양 식품에 대한 미디어 광고 제한 모니터링
		· 어린이 정서저해 및 미끼 상품 광고 판매 금지
어린이의 올바른 식품 선택 보장	어린이의 올바른 식품 선택 능력 향상	· 어린이 식생활 서비스 운영 및 지원체계 구축
		· 생활 밀착형 식생활안전관리 추진
		· 어린이 식생활 교육지원 강화
	올바른 식습관 형성을 위한 영양교육 대상 및 영역 확대	· 지역사회 어린이 식생활 안전 및 영양교육 확대
		· 가정 내 식생활 안전을 위한 학부모 교육 강화
		· 영양교육 인적 자원 역량 강화
	알기 쉬운 영양표시 개선	· 가공식품에 대한 신호등 영양 표시 추진
		· 외식업체 조리 · 판매 식품의 영양표시 조기 정착
		· 식생활 안전관리 표시정책 조기 정착을 위한 교육 실시
		· 식품표시 기준의 통일화 방안 마련
어린이의 기호식품 안심 확보	어린이 기호식품 안전기준 강화	· 당, 나트륨 등 위해 영양성분 저감화 지원
		· 어린이 기호식품 유해물질 기준 강화
	우수 어린이 기호식품 생산을 위한 지원 확대	· 우수 어린이 기호식품 생산을 위한 기술 컨설팅
		· 어린이 기호식품 제조업체의 HACCP 적용 지원책 마련
	어린이 단체급식의 위생 및 품질 개선	· 어린이 급식관리지원센터 설치 및 운영
		· 어린이 단체급식의 위해 가능 영양성분 저감화
		· 취약계층 및 결식아동 급식의 위생 및 영양품질 개선

〈표 1-1〉 계속

확정안		
핵심 전략	중점 과제	세부 실천과제
어린이 식생활 안전관리 실효성 제고	식생활 안전 관리 제도 장착화	· 법령 시행 정착 및 제도 보완
		· 어린이 식생활안전관리 정책 수행 지원
	어린이 기호식품 관리를 위한 국내외 협력 강화	· 어린이 기호식품의 효율적 관리를 위한 부처간 협력체계 구축
		· 어린이 기호식품 안전을 위한 국내외 협력 강화
		· 소비자 단체 등 민간협력 구축 강화

출처 : 김혜련(2010)

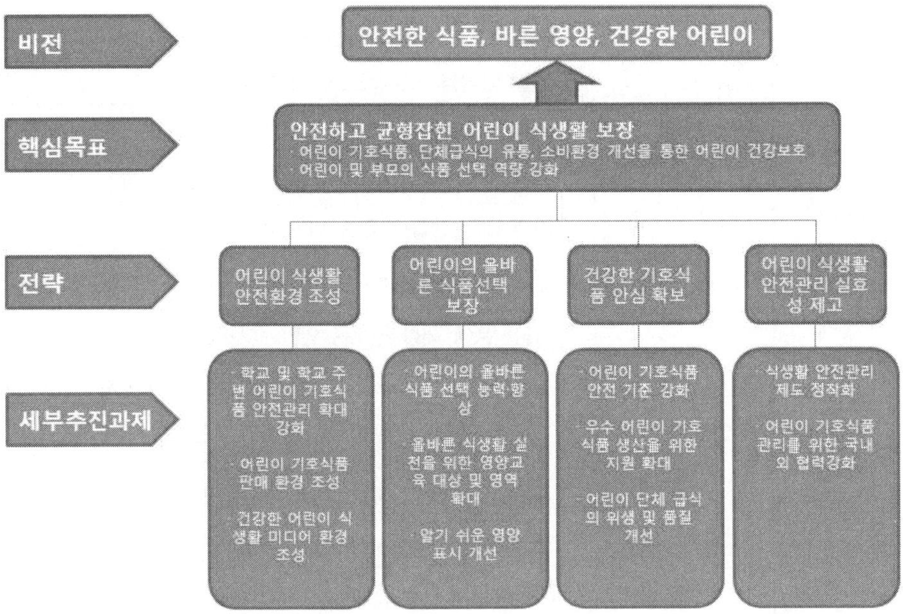

출처 : 식품의약품안전처(2009). 어린이 식생활안전관리 종합계획

〈그림 1-2〉 어린이 식생활안전관리 종합계획(2010~2012) 비전 및 핵심 목표

첫째, 어린이 식생활 안전 환경을 조성하기 위하여 학교 및 학교주변 어린이 기호식품 안전관리를 확대·강화하고, 어린이 기호식품 판매환경을 개선하고, 어린이 건강 식생활 미디어 등 환경을 조성한다.

둘째, 어린이의 올바른 식품선택을 보장하기 위하여 어린이의 올바른 식품선택 능력을 향상시키고, 올바른 식습관 형성을 위한 영양교육의 대상 및 영역을 확대하고, 영양표시를 알기 쉽게 개선한다.

셋째, 어린이 기호식품을 안전을 확보하기 위해서 어린이 기호식품 안전기준을 강화하고, 우수 어린이 기호식품 생산을 위한 지원을 확대하고, 어린이 단체 급식의 위생 및 품질을 개선한다.

마지막으로 어린이 식생활 안전관리의 실효성을 제고하기 위해서 식생활 안전관리 제도를 정착하고, 어린이 기호식품 관리를 위한 국내외 협력을 강화한다.

어린이 식생활안전관리 종합계획은 2007년에 수립된 「어린이 먹을거리 안전관리 종합대책」과 일관성을 유지함으로써 정책의 연속성을 가지되 보다 적극적으로 사업을 추진할 수 있도록 확대하고, 구체적인 세부 실천사업을 추가하였다. 특히 어린이뿐만 아니라 부모, 관련 인력(교사 등)으로 대상을 확대하여 소비자로써 올바른 식품선택을 할 수 있도록 영양교육과 홍보를 확대하였다. 영양표시를 개선하여 역량을 강화하는 한편, 공급자인 식품산업체가 건강지향적이고 안전한 식품을 생산하도록 규제와 지원을 강화하고 어린이들이 건강한 식품을 선택할 수 있는 여건을 위한 구체적 정책수단을 마련하였다. 어린이 식생활 안전과 영양 관련 부문과의 협력을 강화함으로써 종합계획 시행의 실효성을 높일 수 있는 방향으로 설정되었다.

<그림 1-3>은 어린이 먹을거리 종합대책과 어린이 식생활안전관리 종합계획을 비교한 것이다. 어린이 식생활안전관리 종합계획은 특히 어린이가 다니는 학교 주변 등을 중심으로 식생활 안전환경을 조성하고 어린이가 올바른 식품선택을 보장받을 수 있도록 강화하였다.

식품의약품안전처는 지자체의 어린이 식생활의 안전과 영양수준을 객관적으로 확인 · 평가하기 위해 2013년에 특 · 광역시에 소재한 69개 구 단위 지자체(서울(25), 부산(15), 대구(7), 인천(8), 광주(5), 대전(5), 울산(4))의 '어린이 식생활안전지수'를 조사 · 평가한 결과를 2014년 3월에 발표하였다. 어린이 식생활안전지수는 「어린이식생활안전관리특별법」에 따라 지자체의 어린이 식생활 안전관리 노력과 그 수준을 평가하여 수치화한 지표로 식생활 안전(40점), 식생활 영양(40점), 식생활 인지 · 실천(20점) 등 3개 분야의 20개 항목(총점 100점)으로 평가된

다. <표 1-2>에는 식생활안전지수 평가지표가 제시되어 있다. 식생활 인지·실천 분야는 해당 지자체 초등학생(5학년, 12,125명)을 대상으로, 고열량·저영양 식품 인지도, 올바른 식품구매 인지 실천수준, 세끼식사 섭취수준 등을 질문지를 통하여 조사하였다.

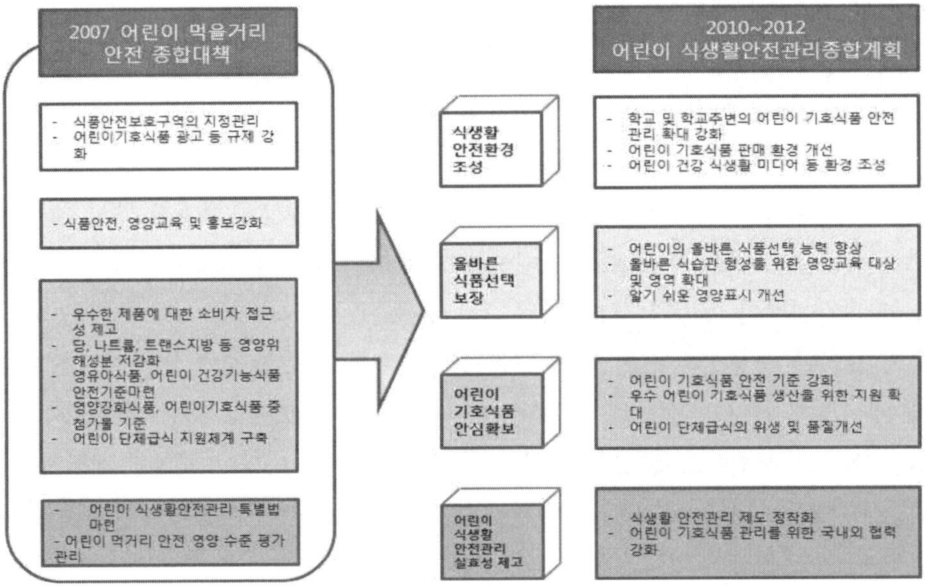

출처: 김혜련(2010)

〈그림 1–3〉 2007년 어린이 먹을거리 종합대책과 어린이 식생활안전관리 종합계획(2010~2012)의 중점과제 비교

2013년 69개 특·광역시의 구 단위 지자체에 대한 어린이 식생활안전지수 평균은 63.69점으로, 2012년의 군 단위 지자체 평균인 61.77점보다 약 2점 높은 것으로 나타났다. 평가 영역별로 보면 식생활 안전 영역이 27.52점, 식생활 영양 영역은 21.35점, 식생활 인지·실천 영역은 14.82점으로, 식생활 안전 영역이 식생활 영양 영역에 비해 상대적으로 점수가 높았다. 평가영역별로 가장 높은 점수를 받은 지자체는 식생활 안전 분야의 경우 울산 동구로 36.40점, 식생활 영양 분야는 부산 영도구로 25.39점, 식생활 인지·실천 분야는 대구 수성구로 15.88점으로 나타났다.

〈표 1-2〉 2013년 식생활안전지수 평가지표

정책지표	전략지표	대표평가지표	세부평가지표
어린이 식생활 안전	식생활 안전관리 지원수준	우수판매업소와 급식관리지원센터 관리수준	1. 어린이기호식품 우수판매업소 지정 및 재정 지원율
			2. 어린이 급식관리지원센터 설치율 및 아동 수혜율
	어린이 기호식품 안전관리 수준	위해식품 수거 · 감시수준	3. 식품안전보호구역 지정 · 관리율
			4. 식품안전 보호구역 전담관리원 지정율 및 활동률
	단체급식 안전관리 수준	식품위생법 준수 수준	5. 어린이 급식시설 식품위생법 위반율
		어린이 급식시설 식중독 발생률	6. 어린이 집단급식소 식중독 발생률
어린이 식생활 영양	결식 및 비만관리 수준	식품 접근성 확보 수준	7. 지자체 (결식)아동급식사업 지원 금액
		비만관리 수준	8. 비만율*
	어린이 기호식품 영양관리 수준	어린이 기호식품 영양관리 수준	9. 외식업소 영양성분표시 실시율
			10. 품질인증을 받은 식품 건수와 건강친화기업 지정 수*
			11. 지자체의 영양교육 및 홍보 노력 정도
	단체급식 영양관리 수준	식생활 지도 수준	12. 식생활지도 및 상담 정도
			13. 지자체별 학교급식지원조례 제정 여부
어린이 식생활 인지· 실천 수준	식생활 안전 및 영양제도 인지수준	어린이 식생활안전관리특별법 인지수준	14. 고열량 · 저영양 식품 인지도
			15. 영양성분표시 인지 실천수준
	식생활 안전관리 인지실천 수준	위생관리 인식 실천수준	16. 개인위생관리 인지 실천수준
			17. 올바른 식품구매 인지 실천수준
	식생활 영양관리 인지실천 수준	영양균형 관리수준	18. 세끼식사 섭취수준
			19. 과일, 채소 및 흰 우유 섭취수준
			20. 패스트푸드, 탄산음료 및 과자 섭취수준

* : 국가지표

〈표 1-3〉 2013년 점수대별 어린이식생활안전지수(69개 특 · 광역시 자치구)

기준	해당 지자체	점수분포
상 (10개)	울산 동구, 서울 강서구, 대전 동구, 부산 영도구, 서울 강북구, 서울 강동구, 서울 금천구, 서울 은평구, 광주 북구, 서울 성동구	70.94 ~ 68.90
중 (49개)	서울 송파구, 서울 도봉구, 부산 강서구, 대전 중구, 서울 강남구, 인천 동구, 서울 노원구, 인천 부평구, 서울 구로구, 부산 연제구, 광주 광산구, 서울 서초구, 서울 영등포구, 대구 수성구, 대전 서구, 서울 서대문구, 광주 서구, 대구 남구, 부산 동구, 울산 중구, 대전 유성구, 대구 서구, 부산 중구, 인천 중구, 울산 북구, 서울 동대문구, 부산 북구, 서울 중랑구, 인천 연수구, 부산 남구, 광주 동구, 광주 남구, 인천 남구, 부산 금정구, 서울 종로구, 대전 대덕구, 서울 동작구, 인천 계양구, 부산 수영구, 대구 중구, 서울 용산구, 부산 사하구, 부산 사상구, 서울 광진구, 서울 마포구, 대구 동구, 부산 해운대구, 서울 관악구, 울산 남구	68.89 ~ 59.67
하 (10개)	인천 서구, 인천 남동구, 부산 부산진구, 대구 북구, 대구 달서구, 서울 중구, 서울 성북구, 부산 동래구, 서울 양천구, 부산 서구	59.66 ~ 56.91

식생활안전지수를 상 · 중 · 하위 3개 그룹으로 나눈 결과가 <표 1-3>에 제시되어 있다. 상위 그룹(10곳) 지자체의 식생활안전지수는 평균 70.06점으로 울산 동구(70.94점)가 가장 높았으며, 서울 강서구(70.89점), 대전 동구(70.61점), 부산 영도구(70.39점) 순으로 나타났다. 상위 그룹 내 지자체는 모두 어린이급식관리지원센터를 설치하여 어린이 식생활 환경 개선에 노력하였고, 지난 3년간 학교 식중독이 발생하지 않았기 때문에 높은 점수를 받은 것으로 분석되었다. 특히 울산 동구는 식품안전보호구역 지정 · 관리율이 다른 지자체에 비해 높았고, 영역별로 고르게 높은 점수를 받은 것으로 나타났다.

하위그룹(10곳) 지자체는 평균 57.94점으로 지난 3년간 학교 식중독이 발생하였거나, 어린이급식관리지원센터를 설치하지 않은 지자체가 대부분이었다. 식약처는 어린이 급식시설에서 식중독이 발생하였거나 어린이급식관리지원센터를 설치하지 않은 지자체는 공통적으로 낮은 어린이 식생활 안전지수를 보이고 있다며, 어린이급식관리지원센터 설치 등 지자체의 어린이 식생활 안전 확보를 위한 노력이 절실하다고 강조하였다. 2014년부터 어린이 식생활안전지수 조사는 매년 조사대상 지자체를 바꾸어가며 실시되던 방식에서 전국 시 · 군 · 구 어린이를 대상으로 확대하여 3년 주기로 실시될 예정이다.

2장

제1차 국민영양관리 기본계획

1. 환경조성 및 교육홍보
2. 생애주기별 영양관리 지원
3. 기반 구축
4. 집행현황 중간점검

2장

제1차 국민영양관리 기본계획

보건복지부는 만성질환 예방을 위한 건강한 식습관 형성과 영양관리의 중요성을 고려하여 "제1차(2012~2016년) 국민영양관리 기본계획"을 확정 · 발표하였다. 이 계획은 만성질환 예방을 위한 건강 식생활 실천, 영양불균형 및 격차 해소 등을 위한 3대 분야 10대 과제를 중심으로 마련되었고, 국민건강증진정책심의위원회 심의를 거쳐 확정되었다. 3대 분야에는 환경조성 및 교육 · 홍보의 2개 과제, 생애주기별 영양관리 지원의 4개 과제, 기반조성의 4개 과제 등이 포함되어 있다. <표 2-1>에는 제1차 국민영양관리 기본계획의 주요 내용이 제시되어 있다. <표 2-2>에는 복지부를 비롯한 식약처, 농식품부, 여성부, 교육부 등 6개 부처에 걸쳐 확정된 총 56개 과제가 제시되어 있고, 이에 따라 각 지자체에서는 2012년부터 지역별로 식생활 · 영양정책을 수립 · 시행하고 있다(보건복지부, 2012).

1. 환경조성 및 교육홍보

1) 식품 및 음식의 영양정보 확인 환경 조성

올바른 영양, 식생활 지식을 효과적으로 확산하고 건강한 식생활 실천 기술을 보급하기 위하여 건강식생활실천 환경조성 및 건강식생활 교육 · 홍보를 추진한다.

(1) 식품의약품안전처의 영양표시제도 확대

가공식품 영양표시제도 의무대상을 면류, 음료류 등 11개에서 장류 등 추가 확대하고, 과자류의 1회 제공량을 현실화하는 등 기존의 영양표시제도를 개선하고, 외식 · 급식 영양표시제도를 확대하기 위하여 기술지원 및 시범사업 운영한다. 또한 주류 칼로리 자율표시 시범사업 등을 추진하여 소비자들이 식품 영양정보를 보다 쉽게 확인할 수 있게 함으로써 절주를 유도하고 비만을 예방한다.

(2) 식품의약품안전처의 나트륨줄이기 참여 건강음식점 인증

대표메뉴와 기존메뉴의 나트륨 등 영양성분을 분석해서 레시피를 개선하고 기존메뉴에 나트륨을 줄인 메뉴를 함께 제시하여 소비자의 선택권을 보장한다. 예를 들면 풀무원에서 위탁운영하고 있는 울산대 교직원식당의 경우, 기존메뉴와 함께, 현미밥과 저염국을 함께 제공하고 있다. 서울시 서초구는 건강식당 지원에 관한 조례를 제정하고, 건강식당 기준(총열량 700kcal, 지방 20g, 나트륨 1400mg 이하인 식단)에 부합하는 음식을 제공하는 식당에 건강식당 로고와 홍보물을 개발하여 제공함으로써 외식업체의 참여를 유도하고 있다.

식품의약품안전처는 2012년에 3개 권역(서울, 충청, 경상)에 114개소 음식점과 2013년에 99개소(경기권 26개소, 강원권 28개소, 전라권 26개소, 제주권 19개소) 음식점에 각 지방자치단체 및 음식업중앙회와 공동으로 '나트륨 줄이기 참여 건강음식점'으로 지정하였다. 식약처는 2012년에 지정된 건강음식점(114개소)이 나트륨 함량을 제대로 유지하고 있는지 확인한 결과, 모니터링에 참여한 전체 음식점 103개 중 72%가 지속적으로 나트륨 저감화 메뉴를 제공하고 있다고 밝혔다.

(3) 교육과학기술부의 학교급식 영양량 및 식재료 원산지 표시제 시행

우리나라는 2003년부터 전국 거의 모든 초, 중, 고등학교에서 학교급식을 실시하고 있다. 단시간에 학교급식이 확대되었으나, 위탁급식을 실시하는 학교에서 식중독 및 수입농산물의 사용과 관련된 문제점이 빈번하게 노출되었다(김정래, 양일선, 2002; 이계임, 김성용, 2002). 이러한 상황에서 학교급식이 질을 제고시키기 위하여 에너지, 단백질 등 주요 영양량 및 쇠고기 등 6개 품목의 원산지를 표시하고 학교급식 영양량과 식재료 원산지가 표시된 월간 또는 주간식단표를 홈페이지에 공개하고 가정에 통보하게 하였다.

(4) 교육과학기술부의 알레르기 유발식품 표시제 도입

식품알레르기 질환은 전 세계적인 문제가 되고 있다. 우리나라도 대한 소아알레르기 호흡기학회의 주관으로 1995년과 2000년에 시행한 전국단위의 역학조사 결과, 태어나서 조사시점까지의 식품알레르기 증상에 대한 유병률은 6~12세의 경우 1995년 10.9%에서 2000년 8.9%로 감소하였으나, 12~15세에서는 1995년 11.3%에서 2000년 12.6%로 증가하였다.

이러한 문제를 해결하기 위하여 학교급식 알레르기 유발식품 표시제 운영 매뉴얼을 통하여 제도는 도입 되었으나, 실효성에 대한 추후 관리가 미흡하고, 학교급식을 담당하고 있는 영양교사에 대한 사전전문지식 교육조차 실시되지 않고 있다. 또한 학교에서의 식품알레르기 관리 중 가장 시급한 것은 식품알레르기를 가진 학생에 대한 파악 및 개별 증상에 대한 자료의 관리이다. 이를 위해서는 담임교사, 영양교사, 보건교사, 조리종사자 등 학교관계자들의 협력이 필요하므로 이들을 대상으로 하는 식품알레르기의 위험성과 예방에 관한 전문적인 교육이 이루어져야 하고 이를 통한 인식전환이 이루어져야 한다.(김영균, 유경혜, 이선영, 2013)

〈표 2-1〉 제1차 국민영양관리 기본계획

추진분야		세부사업
환경조성 및 교육·홍보	건강식생활실천 환경조성	- 식품 및 음식 영양정보 확인환경 조성 - 나트륨 · 주류 및 위해가능 영양성분 섭취 저감화
	건강식생활 교육·홍보	- 건강체중 인식확산 교육 및 홍보 - 나트륨 저감화 홍보 및 캠페인
생애주기별 영양관리지원	임산부 및 영유아	- 영양플러스 사업 운영 - 임산부 철분, 엽산제 지원 - 다문화가정 영양관리 - 어린이 급식관리지원센터 확대 및 운영 내실화
	어린이 및 청소년	- 지역아동센터 급식관리 체계화 - 저소득층 어린이 과일제공사업
	성인	- 만성질환 예방 · 관리를 위한 영양관리
	노인	- 노인 급식관리사업 - 방문영양관리사업
기반조성	- 국민건강영양조사 등 국민 식생활 모니터링 - 영양섭취기준 · 식생활지침 제 · 개정 및 보급 - 영양관리서비스 산업기반 구축	

〈표 2-2〉 국민영양관리 기본계획의 분야별 세부과제와 관계부처

과제명	세부과제	관계부처
분야 1. 환경조성 및 교육 · 홍보		
1-1. 건강식생활실천 환경조성		
1 영양표시제도확산	외식영양표시제도 의무화/지원	식약처 영양안전정책과
	직장급식 영양표시제	식약처 영양안전정책과
	주류칼로리 자율 표시시범추진	식약처 영양안전정책과
2 학교급식 원산지 등 표시	학교급식 식재료 원산지표시	교육부 학생건강안전과
	학교급식 알레르기 유발식품 표시제 도입	교육부 학생건강안전과
3 건강음식점 지정	나트륨줄이기 참여음식점 인증 등	식약처 영양안전정책과
1-2. 건강식생활 교육 · 홍보		
1 나트륨 섭취 저감화	나트륨 줄이기 국민운동본부	식약처 영양안전정책과
	급식, 외식, 가공식품 등 나트륨 저감화	식약처 영양안전정책과
	대국민 교육 및 집중홍보	식약처 영양안전정책과
2 주류 및 위해가능 영양성분 섭취저감화	절주 환경 조성 및 대국민 집중 홍보	복지부 정신건강정책과
	위해가능영양성분 섭취 저감화 교육 · 홍보	식약처 영양안전정책과
	위해가능영양성분 저감화 품목에 인센티브제공	식약처 영양안전정책과
3 건강체중 인식확산을 위한 교육 및 홍보	건강 체중 개념 확립 및 인식 확산	복지부 건강증진과
	식사장애 고위험군 중재/관리	복지부 건강증진과
	유치원, 학교, 직장 등 교육	복지부 건강증진과
4 맞춤형 영양관리 도구개발 (스마트 영양관리)	모바일 프로그램 개발 · 보급 및 운영	식약처 영양안전정책과

과제명	세부과제	관계부처
분야 2. 생애주기별 영양관리 지원		
2-1. 임산부 및 영유아		
1 임산부 및 영유아 영양관리 내실화	영양플러스 사업 운영 내실화	복지부 건강증진과
	모유수유 촉진 및 임신부 엽산제 · 철분제 지원	복지부 출산정책과
2 다문화가정에 대한 영양관리	다문화 가정 식생활 조사	복지부 건강증진과
	다문화 가정 영양관리 제도 개발 · 적용	여가부 다문화가족정책과
	다국어 영양교육자료개발	복지부 건강증진과
3 어린이 급식관리지원센터 확대 및 운영 내실화	단계적 확대 운영 및 내실화	식약처 식생활안전과
4 보육교사 영양 · 식생활 교육 이수 및 보육시설 영양교육 강화	보육교사 교육 모델 · 도구개발 및 영양교육 실시	복지부 보육기반과
	보육시설에서의 식생활 교육 확대	복지부 보육기반과
2-2. 어린이 및 청소년		
1 지역아동센터 급식관리 체계화	급식관리기준 · 매뉴얼 개발 및 시범사업	복지부 아동권리과
	급식관리체계 마련	복지부 아동권리과
2 저소득층 어린이과일제공 시범사업 교육 · 홍보	과일제공 시범사업, 교육자료 개발 및 홍보강화	복지부 건강증진과
3 영양친화학교 운영	식생활 교육 · 영양친화학교 모델개발 및 인증 연구	농식품부 소비정책과
	운영지침 개발 및 시범적용 / 역량강화 프로그램 확대	복지부 건강증진과
	학교급식 운영평가 및 만족도 조사 등 영양관리강화	복지부 건강증진과
2-3. 성인		
1 만성질환 예방/관리를 위한 영양관리	임상영양관리 모델 개발 및 매뉴얼 · 도구 표준화	복지부 건강증진과
	건강검진 사후관리 시범사업 운영 및 확대	복지부 건강증진과

과제명	세부과제	관계부처
2-4. 노인		
1 노인 급식의 질관리 제고	경로당 급식지원 방안 마련 / 시행	복지부 노인정책과
	도시락 배달 사업 확대(지자체)	복지부 노인정책과
2 노인 방문 영양 관리서비스 체계개발	노인방문건강관리 영양상담 체계 개발	복지부 건강증진과
분야 3. 기반조성		
3-1. 국민식생활모니터링		
1 국민건강영양조사개선	영양부문 평가지표 보완 및 평가도구 보완	복지부 (질병관리본부 건강영양조사과)
2 위해가능 영양성분의 실태조사 및 영향평가	위해가능영양성분 섭취실태 및 건강 영양평가	식약처 영양안전정책과
3 녹색식생활 조사 · 연구 등	녹색 식생활 관련 조사 · 연구	농식품부 소비정책과
	가정식 건강수첩 제작 · 배포	농식품부 소비정책과
3-2. 영양정보뱅크운영		
1 영양정보 / 교육자료 등록, 인증 및 국가영양정보뱅크 운영	영양정보 인증/평가 체계 표준화	복지부 건강증진과
	영양정보뱅크 시스템 구축 및 모니터링	식약처 영양안전정책과
	영양 교육자료 인증 및 라이브러리 운영	농식품부 소비정책과
2 식품의 영양성분 국가관리망 운영	식품영양성분DB 통합관리 시스템 구축	식약처 영양안전정책과
	외식, 가공식품 등 식품영양정보 제공	식약처 영양안전정책과
3 음식레시피 등 기초 DB 구축	기초DB의 순차적 구축	복지부 (질병관리본부 건강영양조사과)
4 국가식품 성분표 작성 및 국가식품영양정보 제공 시스템 구축	농산식품자원의 영양성분 및 기능성 성분DB화, 성분표발간/기능성성분표 발간	농식품부 (농촌진흥청)
	맞춤형 식품성분표 작성 연구	농식품부 (농촌진흥청)

과제명	세부과제	관계부처
3-3. 영양관리 근거기준·지침 연구		
1 영양섭취기준 제 / 개정 및 보급	생애주기별 영양섭취기준 제 · 개정	복지부 건강증진과
2 식생활지침 제 / 개정 및 보급	생애주기별 식생활 지침 개정	복지부 건강증진과
3 홍보교육 자료개발보급	만성 질환별 식생활 지침 개발	복지부 건강증진과
	식생활지침 가이드북 · 교육자료 개발/보급	복지부 건강증진과
	올바른 식습관 홍보 교육자료 및 동영상 개발 및 보급	농식품부 소비정책과
3-4. 영양관리서비스의 산업기반 정비		
1 영양관리 서비스의 산업기반 정비	영양관리서비스 개념 정립	복지부 건강증진과
	영양관리식 개발 지원 R&D 등	식약처 영양안전정책과
	질 높은 전문 인력의 차별화된 양성 및 관리	복지부 건강증진과
	영양관리 서비스 선도기업 육성 및 맞춤형 상품 개발	복지부 건강증진과

2) 나트륨 섭취 저감화

소금의 역사는 매우 길고, 소금은 돈과 같거나 그보다 더 귀한 물건이었다. 선사시대에는 암염이 있는 장소가 교역의 중심이 되었고, 고대 그리스 사람들은 소금으로 노예를 사고팔기도 했다. 급료란 의미를 가진 'Salaried'의 라틴어는 'Salarius'(소금, 돈)이란 뜻이었다. 옛날 로마의 군인들에게는 Salarium(소금)을 수당으로 주었다. 유럽에서 11세기부터 소금광산이 개발되기 시작하면서 소금을 만드는 집을 뜻하는 독일어의 Halle, Hallstatt나 영어의 wich가 붙은 Droitwich, Nantwich 등의 지명이 현재도 남아 있다. 미국의 Salt Lake City도 소금과 관련된 지명이고, 오스트리아의 Saltsburg는 지명에서 알 수 있는 것처럼 소금광산으로 부를 축적한 도시이다. 오스트리아의 Hallstatt, 폴란드의 Wieliczka 소금광산들은 세계문화유산으로 지정되어 현재 유명한 관광지가 되었다.

예수님은 제자들에게 세상의 빛과 소금이 되라고 하실 정도로 소금은 중요한 의미를 가지고 있었다. 신약성서 마태복음 5장 13절은 "너희는 세상의 소금이니,

소금이 만약 그 맛을 잃으면 무엇으로 짜게 하리오." 라고 적혀있다. 이처럼 소금은 성서에서 나오는 예수님의 제자처럼 소리 없이 녹아 전체의 맛을 내고, 세상을 썩지 않게 하는 매우 소중한 존재로 여겨졌다. 그러나 지나치게 소금을 섭취하고 있는 현대인에게 소금은 은밀히 침투하는 하얀 독으로 불리고 있고, 우리나라의 식품의약품안전처에서는 위해물질로 분류하여 관리하고 있다.

급식과 외식이 증가하면서 나트륨 과잉섭취가 건강을 저해하는 중요한 요소가 되고 있다. 그러나 소비자는 선호하는 입맛을 쉽게 포기하지 못하고, 업계는 매출 감소를 유려하고 대체 메뉴가 없어 나트륨 저감화에 소극적이다.

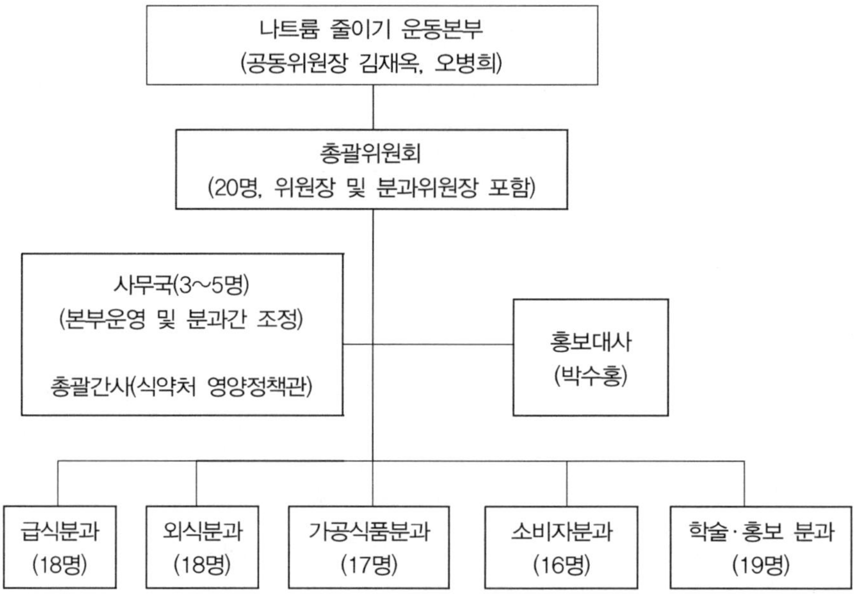

〈그림 2-1〉 나트륨 줄이기 운동본부의 조직도

(1) 소비자

각계 대표가 참여하는 나트륨줄이기 국민운동본부를 2012년 12월에 발족해서 소비자를 대상으로 하여 체계적이고 지속적인 교육과 홍보를 추진하고 있다. 소비자가 변해야 업계도 적극적으로 나트륨 저감화에 동참할 수 있기 때문이다. 나트륨줄이기 운동본부는 업계, 소비자단체, 의료계, 학계, 언론 등 사회 각 분야의 전문가 103명으로 구성되었으며, 급식, 외식, 가공식품, 소비자, 학술홍보 분야의 각

분야에서 나트륨 줄이기를 선도하는 다양한 범국민 운동을 펼친다. 나트륨줄이기 운동본부는 각계의 역량을 결집하고 국민의 자율적 참여와 지속적 실천을 유도하여 국민 건강 증진과 건강한 식생활 문화를 확산시키는 사회적 구심체 역할을 수행한다. <그림 2-1>에는 나트륨 줄이기 운동본부의 조직도가 제시되어 있다.

식품의약품안전처는 '나트륨 줄이기 운동본부' 출범 이후 나트륨 줄이기에 대한 국민인식도 제고 및 실생활 변화를 이끌어낼 수 있도록 오는 2012년 4월19일 포항 지역본부 설치를 시작으로 전국 지역사회 운동으로 확산시켜 나갈 계획이다. 식약처는 나트륨 줄이기 운동이 지역사회 차원에서 활성화 될 수 있도록 지자체와 협력하여 전국 지역별 '나트륨 줄이기 운동본부' 지부 설치를 적극 장려하고 지원하고 있다.

(2) 급식분야

나트륨 저감화 레시피를 보급하고 다음과 같은 실천활동을 강화한다. 중대형 업체의 저나트륨 급식주간을 월 1회에서 2회로 확대하여 운영한다. 직장과 학교 등 단체급식소를 위한 저나트륨 레시피를 개발하여 보급하고, 외식업체 조리자용 나트륨 저감화 실천요령을 보급한다. 서울 양천구는 중·고등학교를 대상으로 '소금 줄이GO!, 건강 올리GO! 싱겁게 먹기 실천' 건강 학교를 운영하고 있다. 현재 총 7개 학교를 대상으로 진행 중으로 '나(Na)바로 알기 영양교육'을 지원하고 학교 급식에 대해 '저 나트륨 급식주간 운영', '학교급식 국(탕류) 염도 모니터링' 등을 실시한다.

포스코 서울 본사 사내 식당의 배식 코너에는 특이한 안내판이 붙어 있다. 사원들의 눈에 가장 잘 띄는 곳에 놓인 A4 용지 크기 안내판에는 이 식당에서 점심을 먹을 경우 섭취하게 되는 소금의 주성분 나트륨양이 빨간 글씨로 적혀 있다. 오늘 식단의 나트륨 섭취량은 '1200㎎과 1000㎎'이다. 양이 많은 육개장(250g)과 반찬, 밥을 골라서 배식받으면 나트륨이 1200㎎, 적은 양을 고르면 1000㎎ 먹게 된다는 내용이다. 포스코는 2007년부터 직원들의 고혈압 관리를 해왔는데도 고혈압 직원 비율이 2008년 8.3%에서 2009년 8.9%로 되레 늘어났다. 이런 현상의 원인이 짜게 먹는 식습관에 있다고 진단하고 과감히 저염식단을 도입했다. 약 2

년 만에 고혈압 직원의 비율이 8.9%에서 2.6%로 줄어들었다(조선일보 2013년 1월 7일).

(3) 외식분야

프랜차이즈 음식점 시범특구 음식점을 확대하고 다중놀이시설 외식업체 등을 대상으로 자율표시제를 확대한다. 외식의 저나트륨 환경 조성에 앞장서기 위해 현재 참여 중인 프랜차이즈 매장을 확대할 계획이며, 전국 기준 1천148개 매장(8개 업체)에서 약 2천여개 매장(15개 업체)으로 확대하였다. 나트륨 줄이기 참여 프랜차이즈 업체는 ㈜놀부, ㈜병천아우내식품, ㈜봉추, ㈜영일유통, ㈜오니규, ㈜이바동, ㈜이학, ㈜토다이코리아 8곳이다. 식품의약품안전처는 우리 국민의 나트륨 과잉 섭취량을 오는 2017년까지 20%(3천900㎎) 저감화한다는 목표를 세우고 집단급식소 중 모범적으로 나트륨을 줄이고 있는 업소를 평가 후 '건강삼삼급식소'로 시범 지정해 나트륨 저감화에 나선다고 밝혔다. '건강삼삼급식소'는 대표메뉴의 레시피와 나트륨 등의 영양성분을 분석하고, 이 중 나트륨이 높은 음식을 대상으로 양념이나 육수의 염도를 낮추거나 사용량을 줄이는 방법으로 나트륨을 낮춘 음식을 제공하는 급식소이다. 2012년 기준 우리나라 국민 2명 중 1명은 하루 1회 이상 단체 급식 및 외식을 통해 음식을 섭취하고 있어 '건강삼삼급식소' 등의 지정·운영으로 나트륨 함량을 줄인 조리음식 제공이 절실한 실정이다.

미국에서도 음식점 주문대와 메뉴에 나트륨 함량 등 영양정보를 명확하게 표시하고, 음식점은 직원들에게 저나트륨음식이 건강에 이로운 이유와 조리법을 설명하게 하고, 나트륨 저감화에 성공한 사례를 발굴하여 제시하였다. 예를 들면 필라델피아 보건부는 음식점 206개소와 함께 '필라델피아 건강한 테이크아웃 중국식 사업'을 시작한지 9개월만에 20개 음식점의 나트륨 함량이 20%까지 감소되었다(윤시몬, 2012).

(4) 가공식품

장류, 국수류, 젓갈, 어묵, 육류가공품, 소스류 등에 나트륨 함량 표시를 통한 소비자정보제공을 확대하고, 저나트륨 가공식품을 개발하는 등 자율이행목표를 실천하기 위한 T/F를 운영한다. <표 2-3>에는 나트륨 줄이기 사업에 동참한 라면 등 면류 업체의 저감화 실적이 제시되어 있다. <표 2-4>에는 나트륨 줄이기 사업에 동참한 간장 등 장류 업체의 저감화 실적이 제시되어 있다.

〈표 2-3〉 나트륨 줄이기 동참한 라면 등 면류 업체의 저감화 실적

업체명	번호	제품명	1회 제공량(g)	'11년 이전 나트륨 함량(mg)	'12.4 기준 나트륨 함량(mg)
농심	1	둥지냉면 물냉면	161	1,950	1,860
농심	2	생생우동(용기)	276	1,970	1,760
농심	3	사천요리 짜파게티	137	1,180	1,080
농심	4	농심 감자면	117	1,930	1,750
농심	5	농심 라면 육개장	120	1,980	1,780
농심	6	무파마탕면	122	1,860	1,720
농심	7	오징어 짬뽕	124	1,870	1,780
농심	8	얼큰한 너구리	120	1,960	1,700
농심	9	육개장큰사발	110	1,900	1,610
농심	10	무파마탕면 큰사발	112	1,660	1,570
농심	11	김치 큰사발	86	1,840	1,430
농심	12	새우탕큰사발	115	1,900	1,640
농심	13	사리곰탕 큰사발	111	1,890	1,765
농심	14	새우탕컵	67	1,450	1,230
농심	15	후라면큰사발	114	1,960	1,550
농심	16	사천요리 짜파게티면	121	1,210	1,090
농심	17	쌀국수설렁탕	122	1,900	1,780
농심	18	쌀국수소고기짜장면	128	1,300	1,100
농심	19	농심가락사누끼우동	300	1,980	1,790
삼양식품	1	큰컵삼양	115	1,920	1,850
삼양식품	2	더클래식큰컵	115	1,990	1,790
삼양식품	3	속풀이황태라면	105	1,990	1,890
삼양식품	4	큰컵간짬뽕	105	1,020	980
삼양식품	5	손수때릴타면	120	1,990	1,890
삼양식품	6	쇠고기면	120	1,980	1,855
삼양식품	7	김치라면	120	1,960	1,880
삼양식품	8	삼양클래식	120	1,980	1,890

〈표 2-4〉 나트륨 줄이기 동참한 간장 등 장류 업체의 저감화 실적

업체명	번호	제품명	염도 (%)	
			2011년 이전	2012.4 기준
진미식품	1	우리 쌀로 빚은 고추장	6.8	6.2
진미식품	2	우리 쌀 순한 맛 고추장	6.8	6.2
샘표식품	1	샘표 참숯으로 두 번 거른 양조간장	15.5	15
샘표식품	2	참숯으로 두 번 거른 맑은 국간장	24.0	23.5
사조해표	1	옹가네 국간장	18.7	17.0

(5) 가정식

TV 요리교실 등을 통하여 가정에서 주로 먹는 음식의 저나트륨 레시피를 보급한다. 다음은 여성용 잡지인 레이디경향 2013년 6월호에 게재되어 있는 저염 밥상을 위한 조리 노하우이다.

첫째, 찜, 구이, 볶음, 부침 등의 조리법을 활용한다. 국, 찌개, 조림에는 소금이나 간장, 된장, 고추장 등의 장류가 반드시 들어가야 하지만 찜, 구이, 볶음, 부침 등은 소금을 적게 넣거나 전혀 넣지 않아도 무난하게 먹을 수 있기 때문이다.

둘째, 음식 간은 약간 싱겁거나 먹기 직전에 한다. 뜨거울 때는 짠맛이 덜 느껴지기 때문에 소금을 더 많이 넣게 되므로 뜨거운 열기가 살짝 가신 다음 간을 맞추면 소금을 적게 넣을 수 있다. 간을 보기도 전에 습관적으로 소금을 넣지 말고 먼저 간을 본 다음 소금을 조금씩만 넣어도 충분하다.

셋째, 한 가지 반찬에만 집중적으로 간한다. 한 끼에 먹는 몇 가지 반찬 중 한 가지에만 집중적으로 간을 하고 나머지는 식초, 설탕, 레몬즙, 고춧가루, 후춧가루 등 다양한 향신료로 맛을 낸다. 간이 된 반찬은 밥과 함께 먹고, 나머지 반찬은 따로 먹는다.

넷째, 국이나 찌개는 오래, 여러 번 끓이지 않는다. 국물 요리는 오래 끓일수록 수분이 증발돼 국물이 졸아들면서 점점 간이 짜게 된다. 또 식은 음식을 다시 데울 때는 먹을 만큼만 덜어 그때그때 따로 데워 먹고, 물을 더 붓고 가열함으로써 염분 농도가 높아지지 않도록 주의한다.

다섯째, 채소나 생선을 절일 때는 소금 대신 소금물을 사용한다. 식품에 소금을 직접 뿌리면 간이 고르게 배지 않아 많은 양의 소금을 사용하게 된다. 소금물에 담가 절이면 간이 고르게 스며들어 적은 양의 소금으로도 간을 맞출 수 있다. 생선을 구울 때 소금 대신 레몬즙을 뿌리면 생선 비린내까지 없애줄 뿐 아니라 생선살에도 탄력이 생겨 맛이 더욱 좋아진다.

(6) 홍보

파워블로거와 SNS 등의 건강커뮤니티를 지원하여 저나트륨 레시피, 만성질환 정보, 건강음식점 등 저나트륨 실천 노하우를 공유하여 홍보한다. 나트륨 섭취가 가장 높은 30~50대 중년 남성을 대상으로 하여 나트륨 과잉섭취에 대한 경각심을 고취시키고, 행동변화를 유도하기 위한 범국민운동을 추진한다. 보건소와 지자체는 건강음식점 지정을 확대하고 소비자와 관련 업소를 대상으로 한 나트륨 줄이기 운동을 적극적으로 추진한다. 건강보험공단과 질병관리본부와 연계하여 홍보하고, 국민건강영양조사를 할 때 나트륨 섭취량 조사체계를 확대한다.

3) 주류 및 위해가능 영양성분 섭취 저감화

우리나라 성인의 1인 1일 평균 주류 섭취량은 1998년 68.2g에서 2009년 133.3g으로 약 2배가 증가하였다. 1회 평균 음주량이 남성은 7잔 이상, 여성은 5잔 이상으로 주 2회 이상 술을 먹는 고위험음주율도 성인의 경우 2005년 14.9%에서 2010년 17.1%로 증가하였다. 이러한 음주 습관 때문에 간질환 및 간암으로 인한 사망률이 2010년 현재 10만명당 36.3명으로 고혈압으로 인한 사망률의 4배, 당뇨로 인한 사망률의 2배가 된다.

포화지방과 트랜스지방은 심혈관질환의 위험을 높이고 당이 포함된 음료는 비만의 원인이 된다는 점에서 위해가능영양성분으로 영양표시 의무항목이고, 어린이식생활안전관리특별법상 고열량, 저영양 식품의 판단기준이 된다.

(1) 절주 촉진 환경조성과 홍보캠페인 전개

만성질환을 예방하기 위한 식생활관리원칙 및 생애주기별 식생활지침에 절주를 포함시킨다. 주류 과잉섭취에 대한 경각심을 고취하고 건강한 식생활을 유도하기 위한 범국민운동을 추진한다. 구체적으로는 보건의 날, 비만의 날, 영양의 날에 보건소, 건강보험공단, 관련 단체, 학회 등이 참여하여 홍보캠페인을 추진한다. 또한 주류 소비를 줄이기 위하여 주류에 대한 건강증진부담금을 부과하거나 절주 실천 사업장에 인센티브를 주는 방안도 고려하고 있다.

(2) 당과 트랜스지방 등 위해가능영양성분 저감화 추진

위해가능영양성분 저감화 품목을 한시적으로 홍보할 수 있도록 허용하는 등 업계에 인센티브를 제공한다. 당류 과잉섭취와 비만 등 만성질환 유병률과의 연관성을 분석하고 저감화기술을 공유하기 위한 실무위원회를 구성하여 운영한다. 국민들에게 위해가능영양성분 과잉섭취의 위해성을 인식할 수 있도록 교육과 홍보를 강화한다. 비만유발식품 소비를 줄이기 위하여 건강증진부담금을 부과하기 위한 방안을 중장기적으로 검토한다.

비만을 예방하는 다양한 방법의 비용을 분석한 결과 최선의 방법은 정크푸드를 덜 먹을 수 있도록 가격을 인상하는 것이라는 주장이 제기되면서 비만세에 대한 관심이 증가하고 있다(Sassi, Cecchini, Laucer, Chisholm, 2009). 비만을 유발하는 음식을 섭취하는 소비자들이 미래 예상비용을 비만세로 지출함으로써 도덕적 해이현상을 미리 줄일 수 있다. 비만세가 암묵적으로 보험료 역할을 함으로써 건강에 유해한 음식과 건강한 음식을 구분해 줌으로써 불완전한 시장의 문제를 해결할 수도 있다. 무엇보다 패스트푸드와 탄산음료 등에 대한 비만세 부과는 소비자들로 하여금 나쁜 식생활을 고치게 하는 자기통제 역할을 할 수 있고, 각종 만성질환의 의료비 증가를 떨어뜨림으로써 국민의료보험과 국가재정의 부실을 방지할 수 있다(Strnad, 2005).

미국은 비만세의 일종인 '탄산음료세'를 개별 주마다 도입하고 있으며 연방법 도입을 추진하고 있다. 현재 캘리포니아 등 예산이 부족한 주는 어린이들이 주로 마시는 콜라, 사이다 등과 같은 탄산음료에 세금을 부과하고 있고, 워싱턴주도 2010년 6월부터 12온스당 0.2달러(약 18%)의 탄산음료세를 부과하고 있다. 미국의 중앙정부와 주정부는 비만을 억제하고 글로벌 금융위기로 인한 재정적자를 메우기 위해 소비세의 일종인 탄산음료세를 부과하는 방안을 적극적으로 지지하고 있으나 탄산음료 관련 기업들은 청량음료와 비만 간에는 큰 연관성이 없고 소비위축 때문에 경기가 나빠질 수 있다는 주장을 들어 반대하고 있다. 프랑스도 국민들의 비만율을 억제하고 질병보험료의 재원을 확보하기 위해 햄버거, 샌드위치 등 비만을 유발하는 음식에 대해 비만세의 도입을 추진하고 있으나 관련 업계의 반발로 도입에 어려움을 겪고 있다(박성진 · 선은정, 2011).

멕시코는 2014년부터 청량음료 1리터당 1페소(약 81원)의 세금을 부과하는 비만세를 시행했다. 비만세 도입 후 코카콜라 제품 가격은 13~14% 정도 올랐고, 병제품은 더 인상될 것이라는 예측 때문에 세계 최대 탄산음료 제조업체 코카콜라의 멕시코 합작법인 '코카콜라 펨사(Coca-Cola Femsa)' 주가가 크게 하락했다(이데일리 2014년 1월 15일). 이렇게 주가가 하락되자 비만세 도입이 취진되고 있는 업체에서는 비만세 도입을 강력하게 저지하기 위한 다양한 시도를 하고 있다.

헝가리는 헝가리 법에서 정한 설탕과 소금, 그리고 카페인 함량을 초과한 청량음료 및 과자류 등 일부 식료품에 대해 일종의 비만세 성격을 가진 소위 "칩 세(Chips tax)"를 도입하려고 하고 있다. 과거에 햄버거세로 불리던 것과는 달리 소위 칩세로 불리는 세금이 부과되는 품목으로는 청량음료, 에너지 드링크, 사탕, 아이스크림, 소금을 함유한 스낵류, 식품용 파우더 등이 대상이다. 그러나 헝가리 도소매업자연합과 생산자들은 세금을 피하기 위한 암시장이 성행하게 되고, 국경 간 사람 및 상품의 자유 이동이 자유로운 현 상황에서 소비자들이나 도소매업자들은 헝가리가 아닌 외국에서 관련 제품을 들여오게 돼 정부의 재정수입 증가 효과는 거의 없을 것이라는 주장을 하면서 크게 반발하였다(남기훈, 2011).

2011년에 덴마크는 비만율을 줄이기 위해 비만세를 도입했다. 비만세의 대상은 기름진 음식인데 2.3% 이상의 포화지방을 함유한 제품으로 피자, 식용유, 육류, 조리식품 등이 포함됐다. 덴마크정부는 기준치 이상의 포화지방에 대해 kg당 약 3400원의 세금을 추가로 부과한다고 밝혔고, 식료품산업 악화에 대한 우려와 실효성에 대한 의문으로 일각에서 비난의 여론이 일었다. 결국 1년여를 버티던 비만세는 여론의 뭇매에 폐지됐지만, 이후 지방에 대한 각 나라의 경계심은 더욱 높아졌다.

영국 정부는 비스킷이나 도넛, 우유가 들어간 커피, 케이크 등을 대상으로 식품제조업체나 카페, 슈퍼마켓이 포화지방 함량이 높은 제품의 1회 제공량을 줄이도록 의무화하는 방안을 마련 중이다. 음식점과 상점에서 건강에 덜 이로운 음식 판매를 제한해 소비자가 저지방 식품을 선택하도록 장려하는 것이 목표다. 2011년 12월 프랑스는 비만 퇴치를 위해 탄산음료에 비만세를 부과하는 법안을 통과시켰다.

우리나라에서도 청소년 비만의 주요 원인으로 꼽히는 패스트푸드와 탄산음료 등에 부담금을 부과하는 일명 '비만세법'이 발의된 바 있다. 문대성 새누리당 의원은 지난해 청소년 비만이나 영양 불균형을 초래할 우려가 있는 식품을 제조·가공·수입·유통·판매하는 자에게 부담금을 부과하는 '국민건강증진법 일부개정법률안'을 국회에 제출했다. 문 의원은 "어린이 식생활안전관리특별법에 고열량·저영양 식품의 광고시간 제한, 스쿨존 판매 금지 등을 시행하고 있지만 청소년 비만율은 여전히 심각한 수준"이라며 "청소년 비만 유발 요인인 패스트푸드와 탄산음료 등 고열량·저영양 식품에 세금을 부과해 소비를 줄이고 징수된 세금으로는 국민 비만율을 낮추고 건강을 증진하는 데 사용할 필요가 있다"고 말했다(헤럴드경제 2014년 4월 2일).

4) 건강체중 인식을 확산시키기 위한 영양교육 및 홍보사업

건강체중에 대한 잘못된 인식과 정보로 청소년과 20대 여성의 저체중비율이 2001년 5.1%, 2005년 9.9%, 2007년 18.4%, 2009년 16.8%, 2010년 17.5%로 증가추세에 있다. 특히 체중을 줄이기 위하여 무리한 다이어트를 실시하여 여자 청소년의 식사장애 고위험군의 비율이 2009년말 현재 14.8%에 달하였다. 이러한 문제를 해결하기 위하여 건강체중의 개념을 확립하고 인식을 확산시키기 위하여 롤모델을 활용하여 캠페인을 벌인다. 청소년과 젊은 성인 중에서 식사장애 고위험군을 중재하고 관리하기 위한 방안을 마련하여 보급하고, 학교와 직장에서 교육과 인센티브를 제공한다.

5) 맞춤형 영양관리 도구 개발

건강한 식생활 관련 정보를 제공할 수 있는 다양한 채널을 마련해야 한다. 스마트폰을 활용한 소비자 맞춤형 영양 교육과 관리를 하는데 필요한 앱을 개발하여 보급한다. 개인맞춤형 영양평가 및 관리 정보를 확대 제공함으로써 비만에 대한 인식을 확립하고 자가진단을 하는데 필요한 웹시스템과 연동되는 프로그램을 개발하여 운영하고 있다.

식품의약품안전처는 휴대폰을 통하여 간편하게 자신의 비만도(BMI)를 체크하고 식품별 영양성분 함량 및 칼로리를 확인할 수 있는 맞춤형 체중관리 프로그램인 '칼로리 코디'를 제작하여 무료로 배포하고 있다<그림 2-2 참고>. 이동통신사의 무선 인터넷을 통하여 다운로드 받을 수 있는 '칼로리 코디'는 자신의 체중과 키를 기본 자료로 입력한 후 섭취한 음식과 운동 등 활동 내역을 입력하면 언제라도 자신의 비만도를 체크할 수 있고 필요한 맞춤형 관리를 할 수 있는 프로그램이다.

체중을 줄이거나 늘리기 위해 섭취해야 할 목표 칼로리를 제시하는 '체중조절 플랜' 기능도 있어 매일 매일 사용하면 건강한 체중 유지에 도움이 될 것이다. '체중조절 플랜'으로 한 달에 1kg을 빼거나 찌우도록 체중을 조절하는 경우 각각 '필요열량 − 250kcal', '필요열량 + 250kcal'로 목표열량 수치를 제시하였다. 그 밖에도 식품별 영양성분 함량정보 및 섭취한 음식의 칼로리, 신체활동에 따른 칼로리 소비량, 건강정보 등이 담겨 있다.

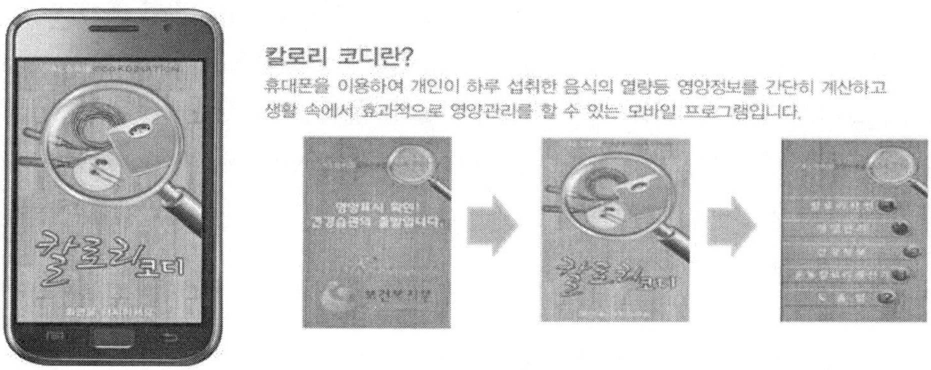

내려받는 방법 : 아이폰 (Apple 스토어), 안드로이드폰 (안드로이드마켓) : '칼로리코디' 검색

〈그림 2–2〉 칼로리코디 소개

2. 생애주기별 영양관리 지원

건강수준 향상을 위한 생애주기별 영양관리를 지원하고 건강형평성 제고를 위하여 영유아 및 임산부, 어린이 및 청소년, 성인, 노인에 대한 영양관리 정책을 강화한다.

1) 임산부 및 영유아

(1) 임산부 및 영유아 영양관리 지원사업 강화

임산부는 영양플러스 사업을 통해 필수 식품 제공과 영양상담을 받을 수 있다. 영양플러스 사업은 최저생계비의 200% 이하의 소득을 가진 영양위험요인을 보유한 영유아, 임신부, 출산·수유부를 대상으로 하고 있다. 보건소의 건강관리사업과 연계하여 본인이 부담하여 보충식품을 제공받는 방안을 마련함으로써 대상자를 확대하고, 기초수급자 등 취약계층이 지원 대상에서 제외되지 않도록 대상자 우선지원기준을 조정하여 사업을 내실화하고 교육홍보를 강화한다.

예를 들면 서울 동작구 보건소는 2014년 임산부 건강관리사업을 적극적으로 운영하고 있다. 임산부 등록관리를 통해 임신과 출산과정에서 필요한 산전초기검사, 기형아 검사, 고위험 임산부 관리, 임산부 건강교육, 산후 우울증 및 비만관리 등을 제공하고 있다. 등록된 임산부의 건강관리를 위해 주기적인 상담 및 교육을 실시하고 구강검진, 초음파 검진과 함께 엽산제(임신초기~12주) 및 철분제(임신 20주~분만전) 등 영양제를 지원한다. 또한 혈액검사와 소변검사 및 임신주기에 맞는 기형아검사와 임신성 당뇨검사를 통해 고위험임산부를 관리하며 출산 후 4주 이내 가정방문을 실시해 임산부의 건강과 아기의 성장을 돕는다(베이비뉴스 2014년 5월 9일).

(2) 모유수유 촉진 및 임산부와 신생아 건강지원사업

2010년 국민건강통계에 의하면 만 1~3세를 대상으로 생후 6개월까지 조제분유를 먹이지 않고 모유만 수유한 대상자가 차지하는 비율인 완전모유수유율은 49.5%로 절반도 안되는 실정이다. 모유수유는 신생아의 질병을 예방하고 면역력을 증강시키고, 어머니와 정서적 유대관계를 촉진시키고 두뇌발달을 돕는 등 신생아의 가장 이상적인 영양공급원이다. 모유수유에 대한 국민들의 인식률을 제고하고 실천환경을 조성하기 위하여 보건소에 모유수유 클리닉을 운영한다.

양평군은 2011년부터 건강한 모유수유아 선발대회를 시작해서 2014년 현재 4회째 열었다. 양평군과 아이낳기좋은세상 운동본부가 함께 개최하는 행사는 아기와 엄마의 건강에 좋은 모유수유의 중요성을 알리고 모유수유 실천을 위한 사회적 분위기를 조성하고자 하는 취지로 마련됐다. 양평군은 지속적인 모유수유 실천분위기 확산을 위해 보건소, 산후조리원, 다문화가족지원센터에서 주기적으로 모유수유 교육을 실시하고 있으며 모유수유실을 공공기관, 양평시장 등에 설치 및 운영하고 있는데, 다중집합장소인 대형마트, 은행, 대형식당에도 모유수유실을 늘려 엄마들에게 불편이 없도록 할 예정이다(시민일보 2014년 5월 22일).

보건소에서 임산부에게 철분제와 엽산제를 지원함으로써 조산, 유산, 기형아 출산 등을 사전에 예방하고 임산부와 태아의 건강증진을 도모한다. 철분제는 임신 5개월 이상인 보건소에 등록한 임산부에게 지원되는데, 2008년에 14억이 지원되었고, 2012년엔 30억이 지원되었다. 엽산제는 35세 이상 산모에게 2012년부터 지원하기 시작하였는데, 278백만원의 예산이 책정되었다. 18세 미만 선천성대사이상 환아 1,939명에게 특수조제분유를 지원한다.

(3) 다문화가정에 대한 영양관리

다문화가정 임산부와 영유아의 열악한 영양문제를 해결하기 위하여 다문화가정의 식생활 실태를 조사하여 영양상태를 평가하고 가족단위 중심의 집중영양관리 프로그램을 운영한다. 보건소, 인근 대학 및 조리학원 등과 연계하여 조리교실을 운영하고 다국어 지원 레시피 책자, 영양문제 유형별 다국어 영양교육자료를 개발하여 보급한다. 건강가정지원센터, 영양플러스 사업 및 방문건강관리서비스 등과 연계하고 대학의 기존 사회공헌 프로그램을 활용한다.

(4) 어린이 급식관리지원센터 확대 및 운영 내실화

보육시설이 확대되고 있으나, 대부분의 급식이 영양학적 고려없이 이루어지고 있어 성장기 어린이들의 건강이 위협받고 있다. 이 문제를 해결하기 위하여 식품의약품안전처에서는 지자체별로 어린이 급식관리지원센터를 정착시키고 단계적으로 확대하려고 하고 있다. 어린이집, 유치원 등 집단급식소의 식품안전 및 영양관리를 위한 어린이급식 식단을 개발하고 시설장, 급식담당자 및 어린이를 대상으로 하는 영양교육과 위생교육를 강화함으로써 어린이급식관리지원센터의 운영을 내실화한다. 어린이급식지원센터를 2012년 22개에서 2016년엔 70개로 확대할 예정이다.

(5) 보육교사의 영양과 식생활 교육 이수 및 보육시설 영양교육 강화

보육교사는 어린이의 역할모델이며 보육시설에서 어린이의 식사와 간식 섭취를 교육하고 도와줌으로써 어린이의 식생활과 식습관 형성에 중요한 영향을 미친다. 그러나 현실적으로 보육교사들이 영양교육을 제대로 받지 못하고 있는 실정이다. 보육교사를 양성하는 서울, 인천, 경기 지역 66개 대학의 커리큘럼을 분석한 결과 영양관련 과목이 전공필수로 지정된 학교는 5개에 불과하였다. 이러한 문제를 해결하기 위하여 어린이급식관리지원센터, 보건소 및 관내 대학과 연계하여 영양교육을 강화한다. 어린이 영양교육 프로그램, 컨텐츠 및 도구를 개발하고, 영유아의 올바른 식생활을 지원하기 위하여 보육교사에게 식생활교육을 강화한다.

2) 어린이 및 청소년

(1) 지역아동센터 급식관리 체계화

지역아동센터를 이용하는 아동이 2004년 23,347명에서 2009년 94,406명, 2013년 6월말에는 109,256명으로 증가하고 있으나 지역아동센터 급식의 영양관리와 영양교육에 대한 지원이 부족한 실정이다. 식품의약품안전처는 2010년에 지역아동센터 급식관리 기준을 마련하였고, 매뉴얼을 개발하였다. 또한 아동과 부모가 함께 참여하는 영양교육프로그램을 개발하여 운영하고, 어린이 급식관리지원센터와 연계하여 급식관리를 강화하고 있다.

(2) 저소득층 어린이 과일제공사업

고열량 패스트푸드와 탄산음료의 섭취 증가, 불규칙한 식사 등으로 아동과 청소년의 비만율이 증가하고 있다. 특히 저소득층 아동은 영양소섭취가 부족할 뿐 아니라 과일 섭취가 부족하여 과체중의 위험이 증가하고 있다. 저소득층 아동의 평균 과일 섭취량은 상위소득층 아동의 60%에 불과한 것으로 나타났다. 2011년에 취약아동을 대상으로 지역특성을 고려하여 과일을 제공하고 영양교육을 하는 사업을 운영하였다. 또한 어린이들에게 과일섭취의 중요성을 제고시키기 위한 교육자료를 개발하고 홍보하기 위한 방안을 마련한다.

(3) 영양친화학교(Nutrition-friendly School) 운영

어린이와 청소년의 영양불균형을 개선하기 위하여 학생 · 학부모 · 교사의 영양교육 및 상담 강화, 건강매점 운영, 학생 아침밥클럽 등을 주요 골자로 하는 영양친화학교를 시범 운영한다. 교육과학부의 건강증진학교와 연계하여 영양친화학교 모델과 컨텐츠를 개발하고 학교급식의 영양관리를 강화한다. 농림수산부에서는 초등학교 녹색식생활 연구학교 및 체험교실을 운영하고, 영양친화학교 지정기준을 마련하고 평가를 하여 단계적으로 영양친화학교 인증제를 추진한다.

3) 성인

성인의 경우 건강검진결과 건강위험요인 보유자에 대한 보건소 · 국민건강보험공단의 건강상담 및 영양상담이 제공되고, 국가건강검진(생애전환기, 일반검진) 결과 정상 B, 고혈압, 당뇨병 질환 의심 또는 유질환자 등과 같이 건강위험요인 보유 판정을 받은 경우 보건소 또는 국민건강보험공단의 정보 제공 및 상담서비스를 받을 수 있다. 건강 위험도를 평가하고, 식생활과 신체활동을 자가관리하고 온라인 상담이 가능한 자가 영양관리 프로그램을 구축하여 지원한다. 만성질환별 영양관리 매뉴얼 표준화, 담당인력의 역량을 강화하기 위한 보수교육을 운영하는 등 임상영양사들이 질환자를 전문적으로 관리할 수 있는 체계를 마련한다.

4) 노인

(1) 노인의 급식의 질 관리 제고

건강보험 전체 의료비 중에서 노인의료비가 차지하는 비율이 2002년 19.3%, 2005년 24.4%, 2007년 28.2%, 2008년 30.8%, 2009년 31.4%로 2013년 35.4%를 차지함으로써 증가하고 있는 실정이다. 노인의 영양소섭취상태는 매우 취약해서 노인에 대한 영양관리와 지원의 필요성이 증가하고 있다. 노인복지관 등에서 급식서비스를 하고 있으나 급식의 질을 관리하기 위한 기준과 관리체계가 미비한 실정이기 때문에 급식내용에 대한 영양관리 기준을 마련하여 시행하고 있다. 노인의 영양관리를 위하여 지자체의 도시락 배달 사업, 보건소 방문건강관리 제공, 경로당 급식 지원사업 등이 추진되고 있다. 서울시 강북구 보건소에서는 허약노인 영양관리 프로그램, 농촌진흥청에서는 농촌노인에게 적합한 건강생활관리, 학습, 사회활동을 지원하는 농촌건강장수마을을 육성하고 있다. 남성 독거노인, 배우자의 질환, 이혼, 사별 등의 이유로 식생활에 어려움을 겪고 있거나 요리에 관심이 많은 65세 이상 남자를 대상으로 아버지 요리교실이 운영되고 있다.

(2) 노인 방문건강관리 영양상담 체계 개발

영양전문가가 가정방문을 통하여 영양문제를 집중적으로 관리할 수 있는 맞춤형 방문건강관리사업에서 영양관리 컨텐츠를 개발하여 효율적으로 적용하기 위하여 방문건강관리서비스, 건강가정지원센터, 노인 가정배달식 서비스와 연계한 통합서비스를 제공한다. 보건소를 중심으로 운영하면서 필요한 전문 인력과 기관에 연계하거나, 병원과 대학의 extension program을 활용하여 전담팀을 구성한다.

3. 기반 구축

1) 국민 식생활 모니터링

건강과 영양 위험요인에 대한 자료를 수집하고 평가하여 영양정책을 개발하고 지속적으로 관리할 수 있는 포괄적인 영양감시체계를 구축하기 위하여 다음과 같은 사업을 시행한다.

첫째, 컴퓨터를 이용한 면접조사(Computer Assisted Personal Interview, CAPI) 시스템을 구축하여 국민건강영양조사를 개선한다.

둘째, 우리 국민의 식습관, 식품 소비 및 구매행태 조사, 기존의 청소년 건강행태 온라인 조사에서 식행태 부문을 강화한다.

셋째, 식약처에서 추진 중인 식품영양성분 국가관리망 사업과 연계하여 당, 나트륨, 트랜스 지방, 포화지방 등 위해가능영양성분의 실태를 조사하고 섭취량을 평가한다.

마지막으로 농림수산부에서는 식생활교육지원법에 따른 식생활교육 체계 및 농어촌 체험과정용 교육교재를 개발하고 가정식 건강수첩을 제작하여 배포한다.

2) 영양정보뱅크 운영

건강에 대한 관심이 증가하여 국내외적으로 식품과 영양에 대한 정보와 교육자료가 범람하고 있으나 신뢰할만한 정보를 선별할 수 있는 시스템이 부족하고, 전문가집단이나 일반인들이 필요로 하는 형태로 가공되지 못해 활용성이 낮은 실정이다. 이러한 문제를 해결하기 위하여 다음과 같은 사업을 시행한다.

첫째, 영양정보의 활용성을 제고시키기 위하여 영양정보 인증과 모니터링을 통해 영양정보 통합관리 시스템을 구축하고 대상별 맞춤형 영양 사이버 정보관 등 국가영양정보뱅크를 운영한다.

둘째, 기존의 교육자료를 수집하여 분석하고, 교육자료의 인증기준을 마련하여 DB를 구축하고, 라이브러리를 운영하고 홍보한다.

셋째, 식품영양성분 DB 통합관리시스템을 구축하여 운영하고, 외식과 가공식품의 식품영양정보를 제공할 수 있는 식품의 영양성분 국가관리망을 운영한다.

넷째, 레시피 DB, 영양소변화율, 눈대중량 DB 등과 같은 기초 DB를 순차적으로 구축한다.

마지막으로 농촌진흥청에서는 농산식품자원의 영양성분, 기능성 성분 분석 DB화 및 식품성분표를 발간하여 보급하기 위한 국가식품분석표 작성 및 국가식품영양시스템정보를 제공하기 위한 시스템을 구축한다.

3) 영양관리 근거 기준과 지침 연구

식품 규제 및 영양 정책의 기반이 되는 한국인 영양섭취기준을 제·개정 하고, 전문가용과 일반인용으로 구성하여 교육자료와 함께 보급하고, 필수 영양소에 대한 기초 연구를 지원한다. 질환관리와 예후관리를 위한 민간 영양관리서비스 산업을 육성하기 위하여 영양관리서비스 개념을 정립하고, 전문인력의 질을 제고하고 양성하기 위한 면허자격제도를 개편하고 기존의 전문인력을 대상으로한 재교육을 활성화한다.

〈표 2-5〉 제1차 국민영양관리기본계획 주요 지표

국민영양관리 기본계획 목표	국민영양관리 기본계획 주요지표
건강식생활 실천율 제고	• 건강 식생활 실천 인구비율 증가 (지방, 나트륨, 과일/채소, 영양표시 등 4개 지표 중 2개 이상을 만족하는 인구 비율 증가) – 2008년 28.9% → 2015년 32.5% ※ 1인당 1일 나트륨 섭취량(' 10년 4,878mg) 20%감소(2020) • 영양섭취 부족인구 비율 감소 – 2008년 13.7% → 2015년 8% • 영양표시 활용인구 증가 – 2008년 22.7% → 2015년 27% • 아침결식률 감소 – 2008년 21.5% → 2015년 18%
인구 특성에 따른 영양격차 최소화	• 영양관리(교육 및 상담)를 받는 인구비율 증가 – 2008년 8.3% → 2015년 15.1% 증가 • 식품 안정성이 확보된 가구 비율 확대 – 2008년 88.1% → 2015년 92.1% 확대
만성질환 증가속도 관리	• 적정체중(18.5≤BMI<25) 성인 인구비율 증가 – 2008년 64.0% → 2015년 65.8% 증가 • 고혈압 유병율(30세 이상) 감소 – 2008년 26.9% → 2015년 25.0% 감소

〈 사례 : 국민영양관리기본계획 추진시 달라지는 식생활, 영양관리 〉

■ 주부 이연경씨(40세)는 마트에서 식품 구매시 영양표시를 활용하고 있다. 가공식품 영양표시제도 의무대상이 확대되면 기존의 음료수, 면류 뿐만 아니라 고추장, 된장 같은 장류의 영양표시도 확인하고 구매할 수 있게 된다. 아이들이 먹는 과자의 영양정보도 항상 확인을 하여 구매하고 있지만, 총량이 아닌 1회 제공량으로 적혀있어 늘 착각하곤 하였다. 이러한 과자류 1회 제공량을 현실화하는 방안도 개선이 검토될 예정이다.

■ 직장인 김소연씨(30세)는 점심시간에는 늘 구내식당을 이용하곤 한다. 외부 음식점에 비해 영양관리가 잘 될 것이라고 기대는 하지만, 영양표시가 되지 않아 확인해볼 길이 없었다. 내년부터 박지연씨의 직장 구내식당은 직장 급식의 영양표시 확대 시범사업에 포함이 되면서 영양 정보가 확인이 가능해진다.

■ 초등학생 서지수군(9세)은 자주 아침을 거르곤 했다. 늦잠자는 것을 좋아하고 부모님이 맞벌이 부부이기 때문에 또래에 비해 식습관이 좋지 않았다. 서지수군의 학교가 영양친화학교의 일환으로 아침밥클럽을 운영할 예정이라고 한다. 아침을 먹으면 키도 크고 성적도 좋아진다고 하여 아침밥클럽 운영이 어서 빨리 시작되기를 기대하고 있다.

■ 중학생 이연옥양(14세)는 현재 저체중이면서도 늘 다이어트 중이었다. 마른 것이 아름답고 건강한 것이라는 생각으로 늘 적게 먹으려 노력하다보니 빈혈이 자주 왔다. 인기 아이돌 스타가 건강체중 ROLL MODEL로 선정되어 저체중의 위험성에 대해 이해하면서 건강한 식단을 지키려 노력하게 되었다.

■ 오유진(37세)씨는 임신 1개월 째이다. 노산이 걱정되지만 보건소에서 엽산제를 지원받을 수 있게 되었고, 임신 5개월 부터는 철분제를 지원받을 수 있다고 한다. 또한 일부 본인부담을 통해 필요 식품을 제공받으면서 영양교육을 받는 영양플러스에 등록하여 자신과 아기의 건강관리에 만전을 기할 수 있게 되었다.

■ 직장인 최진수(46세)씨는 건강검진결과 고혈압·당뇨의심 판정을 받았다. 젊었을 때는 건강했지만 직장의 야근과 회식이 이어지다보니 건강에 무리가 가는 것 같다. 질병이 있는 것은 아니라 병원을 찾기는 애매하였는데, 보건소에서 건강상담을 안내하는 전화가 걸려왔다. 시간을 내어 보건소에 방문하여 현재 건강상태에 대한 상담과 식단지도, 운동지도를 받기로 하였다.

■ 안기현 할아버지(73세)는 식사시간이 늘 걱정이다. 아내와 사별한 이후로 제대로 밥을 챙겨먹기가 곤란하다. 건강도 점점 악화되는 것 같아 걱정만 늘었다. 경로당에서 점심, 저녁에 건강식사를 제공하기로 하였다고 하여 나가볼 계획이다. 보건소에서 도시락 배달 사업도 실시한다고 하여 식사 걱정도 건강 걱정도 한결 덜 수 있을 것 같다.

<표 2-5>에는 제1차 국민영양관리기본계획 주요 지표가 제시되어 있다. 건강식생활 실천율을 제고하기 위해서 건강식생활 실천 인구비율을 2008년 28.9%에

서 2015년 32.5%로 높이고, 나트륨의 경우 1인당 1일 나트륨 섭취량이 2010년 4,878mg에서 2020년엔 20%감소를 목표로 하고 있다. 영양섭취 부족인구 비율을 2008년 13.7%에서 2015년에 8%로 감소시키고, 영양표시 활용인구를 2008년 22.7%에서 2015년 27%로 증가시키고, 아침결식률을 2008년 21.5%에서 2015년 18%로 감소시키려고 계획하였다. 영양격차를 최소화하기 위하여 영양 교육 및 상담을 받는 인구비율을 2008년 8.3%에서 2015년 15.1%로 증가시키고, 식품 안정성이 확보된 가구 비율을 2008년 88.1%에서 2015년 92.1%로 확대시키겠다는 계획을 세웠다. 만성질환 증가속도를 관리하기 위하여 적정체중 성인 인구비율을 2008년 64.0%에서 2015년 65.8%로 증가시키고, 30세 이상의 고혈압 유병율을 2008년 26.9%에서 2015년 25.0%로 감소시키려고 계획하였다.

4. 집행현황 중간점검

보건복지부는 2014년 1월에 제1차 국민영양관리기본계획의 집행현황을 중간점검하고, 다음과 같이 결과를 발표하였다. 국민영양관리기본계획 수립의 의의는 과거 각 부처와 지자체에서 산발적으로 추진해오던 다양한 식생활 · 영양 사업이 국민건강증진이라는 목표에 따라 종합적 · 체계적으로 추진되는 토대가 마련되었고, 실제 지역주민의 욕구에 맞는 식생활영양정책이 계획·실행될 수 있도록 지자체에 자율성과 책임을 부여하는 계기가 되었다는 것이 가장 큰 성과라고 할 수 있다.

1) 추진경과

- ❍ 국민영양관리기본계획 세부실행계획 수립 연구(2011.6 ~ 11월)
- ❍ 전문가 자문회의(2011.8 ~ 12월) 및 지자체 · 관련단체 의견 수렴(2011.11월)
- ❍ 기본계획안 마련 및 관계부처(농림수산식품부, 교과부, 식약청, 여성가족부, 기재부 등 의견수렴 (2011. 8 ~ 12월, 3회)
- ❍ 제1차 기본계획 국민건강증진정책심의위원회 심의(2012.6월)

든 음식군에서 나트륨이 유의적으로 감소하였다. 이상의 결과에서 볼 때 '나트륨 줄이기 참여 건강음식점'을 대상으로 조리기술지원을 통한 나트륨 저감화가 효과적으로 이루어짐을 알 수 있었으며, 식품의약품안전처, 지자체, 소비자 및 학계의 노력에 의한 나트륨 저감화 정책이 긍정적인 효과를 보이고 있음을 알 수 있었다.

홍순명, 이지혜, 김혜경, 유리나, 서정희, 허은정, 김종욱, 권오상, 공정은, 김해나, 조성숙, 양정아(2014)는 2013년 9월~11월에 7개 권역의 '나트륨 줄이기 참여 건강음식점' 93개 외식업소의 조리종사자를 대상으로 설문조사를 실시하였다. '나트륨 줄이기 건강음식점' 현판에 대하여 '약간 관심있음'과 '매우 관심있음'이 81.5%로 관심이 높았으며, 저나트륨 건강메뉴에 대한 고객의 만족도는 55.9%가 '좋음과 매우 좋음'으로 나타났다. 저나트륨 메뉴 맛에 대한 고객의 반응은 57.1%가 '싱거워서 좋아함'과 '싱거워서 많이 좋아함'으로 고객의 반응은 좋은 것으로 나타났다. 저나트륨 메뉴에 대한 고객 불만에 대처하는 방법으로는 76.4%가 저나트륨 음식의 장점을 설명했고, 23.6%가 요구하는 양념을 제공하였다. '나트륨 줄이기 참여 건강음식점' 지정 후에 식당 이미지의 변화는 64.5%가 '좋아졌다'와 '매우 좋아졌다'라고 응답하였다. 마지막으로 매출의 변화는 66.7%가 '변화가 없다'고 했고, 22.6%는 '약간 증가와 많이 증가하였다'고 응답하였다. 이상의 결과를 보면 '나트륨 줄이기 참여 건강음식점'의 저나트륨 건강메뉴에 대한 고객의 만족도가 높았고, 고객에게 저나트륨 음식의 장점을 설명하고, 식당의 이미지가 좋아졌으며, 대부분의 음식점에서 매출의 변화는 거의 없었고 오히려 매출이 증가한 경우도 있었다.

10월 11일을 비만의 날로 선정하였고, 11월은 음주폐해 예방의 달로 선정하여 비만·절주 캠페인을 실시하고 스마트폰용 맞춤형 영양관리 프로그램 '칼로리 코디-Ⅱ' 보급 등이 이루어졌다.

(2) 생애주기별 영양관리 지원과 건강형평성 제고

보건소 등록 임산부에게 5개월분의 철분제와 3개월분의 엽산제를 제공하였고, 최저생계비 200% 이하의 영양위험이 있는 영유아, 임산부에게 보충식품제공을 제공하고 영양상담을 실시하였다. 결혼이주여성을 위하여 126개 다문화가족지원센터에서 166개의 다문화가정 조리교실 등의 사업을 실시하였다. 어린이·청소년에게 학교에서의 영양·식생활 교육을 강화하고 어린이급식관리지원센터를 2012년에 22개소에서 2013년에 80개소로 확충하였다. 지역아동센터 어린이에게 과일·채소 제공 및 교육을 실시하는 건강과일바구니 사업을 실시하였는데 서울시는 25개구, 187개 센터, 강릉시는 20개 센터에서 실시하였다. 성인·노인의 만성질환 예방과 관리를 위하여 질병별 맞춤 식이서비스를 제공하는 임상영양사를 국가 자격으로 도입하였는데, 2013년까지 3,853명 임상영양사가 자격을 취득하였다. 국가건강검진결과 만성질환 위험이 있을 경우 보건소에서 2013년에 15천명에게 건강·영양상담을 제공하였다.

(3) 과학적 근거에 입각한 국민영양관리 정책 기반구축

국민건강영양조사를 매년 실시하고, 트랜스지방·당류 등 위해가능영양성분의 실태 조사 및 DB구축, 농산품 및 음식의 영양성분 DB구축 등을 통해 국민식생활 모니터링을 하고 있다.

3) 미흡한 점과 2014년 대책

(1) 미흡한 점

미흡한 점으로는 2013년이 사실상 지자체별 시행계획이 수립된 첫해로서 지자체에 따라서는 지역 여건을 고려한 사업보다 기존에 해오던 사업을 나열하는데 그치는 경우가 있었다. 2013년까지 지자체 시행계획에 대한 평가지표 개발 등 평가 및 환류체계가 아직 완비되지 못하였고, 법상 시행계획은 시군구만 수립하도록 되어있어 중앙정부의 전국적인 사업추진이 필요한 과제의 경우에는 세부 시행계획이 수립 되지 않는 문제가 있었다.

(2) 개선방안

복지부에서는 위에서 제기한 한계점을 개선하기 위하여 지자체 시행계획 평가체계를 구축하여 계획과 실적의 연계성을 강화하고 지자체의 자율적인 영양정책 수립 능력을 제고하기로 하였다. 또한 국민영양관리법을 개선하여 시행계획의 수립주체를 시군구뿐만 아니라 시도 및 관계 중앙부처까지 확대하여 국민건강을 위한 중앙정부와 지방정부의 역할분담을 명확히 하고, 식생활관련 부처간의 긴밀한 협조를 통해 시너지효과를 거둘 수 있도록 부처간 정책협의체를 강화해 나갈 계획이다.

(3) 2014년도 추진계획

보건복지부는 건강식생활 실천 환경·기반조성을 위하여, 지속적으로 생애주기별 한국인의 영양섭취기준을 마련하고, 국민의 건강수준 향상 및 건강형평성 제고를 위한 생애주기별 영양관리를 돕기 위하여 영양플러스사업을 확대하기로 하였다. 또한 독거노인의 영양관리와 건강과일도시락 제공 등 실버건강식생활사업 등도 시행할 계획이다. 농식품부에서는 식생활교육라이브러리를 구축하고, 교육부에서는 학교기반의 영양·식생활교육을 확대하기로 하였다. 식품의약품안전처에서는 영양표시제도를 확대하고 나트륨· 당류 등 건강위해가능성분의 섭취를 저감화할 수 있는 다양한 정책 등을 추진하고 어린이급식관리지원센터를 확충해 갈 것이라고 밝혔다.

3장

주요국의 영양정책

1. 세계보건기구(WHO)와 유럽연합(EU)
2. 유럽 각국의 영양정책
3. 미주지역과 아시아
4. 캐나다
5. 오스트레일리아
6. 일본의 영양정책

3장

주요국의 영양정책

세계 경제가 글로벌화 되면서 식품의 수입과 수출도 증가하고 있기 때문에 소비자, 식품업계 및 식품영양안전정책 당국도 우리나라의 정책 뿐 아니라 다른 나라의 정책에도 관심을 기울여야 한다. 이 장에서는 세계보건기구와 유럽연합, 유럽 주요국, 미국과 아시아의 주요국을 중심으로 영양정책을 설명하였다.

1. 세계보건기구(WHO)와 유럽연합(EU)

1) 세계보건기구

1992년에 세계보건기구와 세계식량농업기구(FAO)가 공동으로 주최한 세계영양총회(International Conference on Nutrition: ICN)는 세계영양선언(World Declaration and Plan of Action for Nutrition)을 채택하였다. 이 선언은 전 세계 영양정책의 틀과 정책을 개발하는데 필요한 철학과 지침을 제공하였고, 유럽을 포함하여 많은 나라에서 영양정책의 실행 정도를 평가하는 척도가 되었다. 유럽 각국에서는 자국의 실정에 따라 다음과 같은 8가지 핵심 실행영역 중에서 적합한 것을 선택하여 영양정책의 전략과 목표를 수립하고 있다(김혜련, 2007).

이 선언에서 채택된 8가지 핵심 실행영역은 다음과 같다.

(1) 영양 목표와 표적의 설정
(2) 영양상태 평가, 분석 및 모니터링체계 구축
(3) 식량의 안정적 확보
(4) 식품 품질 개선과 식품안전 제고로 소비자 보호
(5) 모유수유율 증진
(6) 빈곤층과 영양 취약집단 보호
(7) 특정 미량영양소 결핍 예방 및 관리
(8) 적절한 식습관과 건강한 생활양식 장려

2) 유럽연합

유럽연합의 주요 영양정책은 1990년에 발표된 제1차 식품영양정책 실행계획(The First Action Plan for Food and Nutrition Policy for the WHO European Region 2000~2005), 비만과 식이와 운동부족이 주요 원인이 되는 만성질환에 적극적으로 대처하기 위해서 2007년 5월에 유럽연합위원회(EC)가 공표한 영양백서, 2007년 9월에 공표한 제2차 식품영양정책 실행계획(2007~2012), 2013년 9월에 발표된 제3차 식품영양정책 실행계획(2014~2020) 등이 핵심을 이루고 있다. 이러한 국제기구의 공조를 바탕으로 하여 유럽연합의 국가들이 자국의 특성을 고려한 영양정책을 수립하고 시행결과를 평가하고 모니터링하는 등 활발한 활동이 이루어지고 있다(김혜련, 2007).

(1) 제1차 식품영양정책 실행계획

2000년 WHO 유럽지역에서는 각국의 영양담당자 네트워크와 협동하여 국가영양계획개발의 청사진으로 사용될 수 있는 제1차 식품영양정책 실행계획을 개발하였고, 2000년 9월에 WHO 유럽지역 회의에서 이를 확정하였다. 이 실행계획은 건강을 보호하고 증진시키며 식이성 질환에 대한 부담을 줄이고, 사회경제적 발전과 지속가능한 환경에 기여하는 통합적이며 포괄적인 식품영양정책이 개발되어야 한다는 점을 강조하였다.

(2) EC의 영양, 과체중, 비만 및 관련 건강문제 대처를 위한 유럽 전략 백서

EU의 과체중과 비만 유병률은 지난 20년 동안 급격히 증가하였으며 대부분의 국가에서 성인 인구의 50% 이상이 과체중이거나 비만이다. 비만과 관련된 질병으로 인한 의료비 지출은 EU 전체 의료비의 7% 정도에 이르는 것으로 추정된다. 이러한 심각한 비만 유병률을 낮추고 만성질환을 감소시키기 위해서 EU가 전체적으로 광범위한 노력을 촉구하는 백서를 유럽위원회에서 2007년 5월에 채택하였다. 주요 내용은 다음과 같다.

첫째, 소비자가 정확하고 효율적인 정보를 바탕으로 하여 선택을 할 수 있도록 소비자를 보호하여야 하며, 건강에 좋은 식품을 선택할 수 있도록 영양표시제를 검토하고, 어린이 식품광고를 규제하고, 식품산업체가 소금, 지방, 설탕을 줄인 제품을 생산하도록 권장하고 있다.

둘째, 신체활동의 장점을 강조함으로써 사람들이 더 많은 운동을 하도록 장려하고 있다. 유럽위원회는 이를 실행하기 위해서 고위 정책 당국자의 정치적 지원과 회원국의 여러 부문이 강력한 협조체계를 유지하게 하였다. 이러한 목표를 구체적으로 달성하기 위하여 영양, 과체중과 비만 관련된 건강 이슈에 초점을 맞추고, 모든 회원국의 대표자로 구성된 조직을 설립할 것을 제안하였으며, 광고, 식품유통, 스포츠 등의 다양한 민간 부문과의 협조를 촉구하였다. 또한 비만과 과체중에 대한 영양정책이 보건 및 식품안전 정책, 지역정책, 교통 및 도시 정책, 스포츠 정책 및 연구 등 다양한 정책영역과 연계성을 강조하였다. 특히 EC는 '영양표시제 개정', '과일 및 채소의 소비 촉진 프로그램', '스포츠백서'와 '식품의 염분, 지방 저감화' 등과 같은 실행영역을 강조하였다. 또한 모니터링을 필수요소로 강조하여 WHO와 협렵하여 2010년까지 모든 사업의 진척도와 수행정도를 모니터링하여, 영향을 평가하도록 하였다.

(3) 제2차 유럽 식품영양정책 실행계획

2007년 9월에는 제1차 유럽 식품영양정책 실행계획에 이어「제2차 실행계획(2007~2012년)」이 WHO 유럽지역 연차회의에서 발표되었다. 제2차 유럽 식품영양정책 실행계획의 목표는 다음과 같다.

첫째, 영양섭취에 관하여 다음과 같이 5가지 목표를 설정하고 있다.

① 포화지방으로부터 섭취하는 에너지 섭취량 10% 미만
② 트랜스 지방산으로부터 섭취하는 에너지 섭취량 1% 미만
③ free sugars에서 섭취하는 에너지 섭취량 10% 미만
④ 매일 과일과 채소를 400g 이상 섭취
⑤ 1일 소금 섭취량 5g 미만 섭취

둘째, 생후 6개월까지는 모유수유를 완벽하게 실시하도록 하고, 적어도 50% 이상의 영아들이 12개월까지 모유수유를 지속하도록 한다.

셋째, 개별 국가의 상황에 맞게 식품안전에 대한 목표를 정하고, 푸드체인 과정에서 Campylobacter, Salmonella 오염을 감소시키고, Brucellosis를 박멸한다.

넷째, 식품안정성에 대한 목표를 설정하고, 기아로 고통 받는 인구의 비율을 현재의 50%까지 감소시킨다.

제2차 유럽 식품영양 실행계획의 추진 과정은 다음과 같이 7단계로 이루어져 있다.

① 1단계 : 식품영양정책에 관한 다부문 정부기구(multisectoral government mechanism)의 설립 또는 강화
② 2단계 : 현재의 식품 영양 실행계획과 부문별 정책 조정
③ 3단계 : 각국의 정책과 역량 개발 단계에 근거하여 구체적 실행을 위한 우선순위 설정
④ 4단계 : 거시정책 및 법규(입법, 규정, 법령, 조례, 조약)와 재정적 수단을 통해 실행계획 운영
⑤ 5단계 : 다른 이해관계자와의 대화 및 파트너십 구축
⑥ 6단계 : 적절한 자원 배정
⑦ 7단계 : 실행과 책임성(accountability) 모니터링

(4) 제3차 유럽 식품영양정책 실행계획

1차와 2차 유럽 식품영양정책 실행계획을 통하여 국가 차원의 영양정책이 개발되는 과정에서 많은 성과가 있었으나, 유럽연합 회원국들이 HEALTH 2020 목표를 이룩하기 위한 정부의 역할이 강조되고 있다. 2014년부터 2020년을 위한 3차 실행계획의 목표는 음식섭취와 관련된 비전염성질환, 영양결핍 및 미량영양소의 부족에 기인한 조기사망을 줄이고, 사망과 질병을 예방하는 데 드는 비용을 줄이는 것이다.

3차 유럽 식품영양정책 실행계획의 주요 원칙과 접근방법은 다음과 같다.

첫째, 영양 및 식품섭취와 관련된 비전염성질환을 예방하고 통제하기 위한 작업을 효율적으로 시행하기 위해서는 인권을 존중하고 증진시키고 보호해야 하는 일도 함께 이루어져야 한다. 그러므로 3차 유럽 식품영양정책 실행계획의 주요 전략들은 국제인권기구와 함께 만들고 실행되어야 한다.

둘째, 음식섭취와 관련된 비전염성질환, 영양결핍 및 미량영양소의 부족은 사회 경제 발전에 장애가 된다는 점에서 전 세계가 함께 노력해야 하는 주요한 과제가 되었다.

셋째, 모든 인간은 건강한 음식을 평등하게 섭취할 수 있어야 하고, 나이, 성, 민족, 질병 또는 사회경제적 위치에 관계없이 가장 높은 수준의 영양적으로 건강한 상태에 도달할 수 있어야 한다.

넷째, 영양 및 식품섭취와 관련된 비전염성질환을 예방하고 통제하기 위한 작업을 효율적으로 시행하는데 있어 가장 중요한 방법은 생애주기접근이다. 즉 임신부터 아동기, 청소년기, 노년기까지 다 포함되어야 한다.

다섯째, 이 실행계획은 과학적 증거와 공공건강의 원칙에 의하여 이루어져야 한다.

여섯째, 이 실행계획을 실행하기 위한 다양한 활동에 사람들과 지역사회를 참여시킴으로써 참여자들의 역량을 강화해야 한다.

2. 유럽 각국의 영양정책

1) 영국

2004년 보건부가 주관하고 다른 많은 정부 부처가 참여하는「Choosing health Choosing a better diet : a consultation on priorities for a food and health action plan」을 통하여 어린이 대상 식품광고와 판촉, 식품영양표시 단순화, 비만 교육과 예방, 학교·병원·사업장에서의 영양표준을 설정하였고, 2005년에는「Choosing activity : a physical activity action」을 정책 문서로 채택하였다. 중앙정부에는 식품안전기구(Food Standards Agency: FSA)가 행정조직으로 영양 관련 정책을 시행한다. FSA는 식품산업과 협력하여 식품영양표시를 교통표지판(신호등)형태로 만들었고, 1차의료 트러스트, 지역 소매업자(유통업자), 식품재배 계획, 요리기술 개발, 식품조합이 지역사회에서 건강한 식사프로그램을 지원하고 있으며, 국가 프로그램인「5 a day program」에 의해 지원되고 있다.

영양에 대한 자문기구로 과학자문 영양위원회(Scientific Advisory Committee on Nutrition)가 2000년에 설립되어 보건부와 FSA의 예산을 받아 자문역할을 수행한다. 이 위원회는 의사, 과학자, 식품산업으로 구성된 민간인으로 구성되어 있다. 이 외에 영국영양재단(British Nutrition Foundation) 등이 민간차원에서 영양개선 사업을 수행하고 있다.

영국 영양정책의 추진분야는 다음과 같다(한국보건산업진흥원, 보건복지부, 2011).

① 소비자의 건강한 식품섭취

② 어린이와 청소년의 건강한 식행동 장려

③ 지역사회의 건강한 식습관 기회 촉진

④ NHS(National Health Service)가 모든 영역에서 건강한 식생활 홍보

⑤ 직장에서 건강한 식생활 기회 촉진과 공공기관에서 선례 제공

영국에서 시행되고 있는 과일·채소 섭취증대를 위한 사업을 소개하면 <표 3-1>과 같다(박혜련, 2010).

〈표 3-1〉 영국의 과일. 채소 섭취증대를 위한 사업

프로그램명	5 A DAY : School Fruit and Vegetable Scheme	Cooking Bus
주관기관	National Health Service(NHS) Local Education Authority(LEA)	Food Standards Agency: FSA : 공중위생 및 식품과 관련된 소비자권익을 보호하기 위해 제정된 독립적인 식품안전 감시 기구
시작시기	2000년	2000년
목표	어른뿐만 아니라 어린이들의 과일과 채소의 섭취를 늘리기 어린이들이 성인이 되었을 때의 심장질환과 암의 발생 줄이기	실질적인 식생활 교육 확립과 강화 학교 주변 30마일 이내 생산물의 구입 장려
교육 내용 및 프로그램	① LEA에 포함된 학교의 4-6세의 어린이들이 각 학교의 스쿨데이에 과일 과 채소를 물로 제공받고 비용은 보건부에서 전액 지원 ② 학교에서 catering staff가 아이들에게 과일과 채소를 씻고 헹구고 보관하는 방법을 알려줌	Cooking Bus란? 채소와 과일 등 요리재료를 구비하여 학생, 학부모, 지역주민들을 직접 찾아가 건강에 좋은 음식만들기 실습을 하는 동시에 건강한 식습관 및 식품 안전 메시지도 함께 전달 ① 전문가인 선생님이 쿠킹 버스를 타고 전국 학교를 방문하여 학교 선생님과 함께 바른 식생활에 관련된 영양교육을 실시 (저소득층이나 소외계층 우선 대상) ② 학령기 아동들의 관심을 끌 수 있도록 FOCUS ON FOOD CAMPAIGN과 함께 개발
효과	하루에 다양한 과일과 채소를 최소 5번 이상 섭취하면 심장질환과 암 등의 만성질환을 예방할 수 있음 아이들이 과일과 채소에 대해 긍정적인 태도를 가질 수 있게 함	학교 주변 30마일 이내에서 생산된 로컬푸드를 사용하여 food mileage를 감소시킬 수 있어 환경에 유익 아이들이 건강한 식생활의 중요성과 방법을 알 수 있음

출처 : 박혜련(2010)

2) 노르웨이

1975년 농업부처와 사회부처가 공동으로 수립한 식품공급과 영양정책이 의회를 통과하면서 현대적 의미의 영양정책이 시작되었다. 1993년의 「Challenges in Health Promotion and Prevention Strategies」을 거쳐, 2003년의 「Prescription for a healthier Norway」, 2007년에 Action plan on Nutrition 2007~2011이 발표되었다. 이 플랜에는 보건, 농수산, 아동과 형평, 재무, 산업교역, 교육연구부처를 포함한 12

개의 부처가 참여하였고, 영양정책 업무의 주요 목표는 보건당국의 권고사항에 따라 식생활을 변화시키고, 건강의 사회적 불평등을 감소시키는 것이다. 이 플랜의 목표와 전략 및 주요분야는 다음과 같다(한국보건산업진흥원, 보건복지부, 2011).

(1) 국민의 식생활을 변화시키기 위한 통합 목표

① 영유아 모유수유 권장
② 야채, 감자, 과일 섭취량 증가
③ 통밀 시리얼 및 통밀빵 섭취 증가
④ 고지방 유제품 및 육류 섭취 감소
⑤ 지방 섭취를 줄이고 마가린 또는 식물성 지방으로 섭취
⑥ 소금과 설탕 섭취 감소
⑦ 당분이 많은 탄산음료 또는 음료, 사탕, 과자, 지방함량이 많은 감자튀김 등 섭취 감소
⑧ 그 밖에 건강한 식생활 홍보 및 음료를 물로 섭취하도록 권고

(2) 주요 전략

① 가격규제, 식품표시제 등을 통한 건강한 식품의 이용가능성 제고
과일과 채소의 가격을 인하하고, 에너지밀도가 높고 영양소가 부족한 식품의 가격은 인상한다. 또한 어린이와 청소년을 대상으로 한 건강에 나쁜 식품의 광고를 금지한다.

② 영양교육과 홍보를 통한 지역사회 기반 영양관련 프로그램 운영
주간 보호센터(day-care center)와 학교에서 과일과 채소를 무료로 지급하고, 기초 건강에 관한 지식을 가르치고, 기초 요리 기술과 교육 기술을 전수한다.

③ 영양 관련 전문 인적자원 확보 및 역량강화
태아건강 서비스, 아동 건강 클리닉, 학교 보건 서비스, 요양원과 1차 및 전문 보건 서비스에서의 영양서비스를 강화하기 위한 전문 인적자원을 확보하고, 건강관리 인력의 역량을 제고시킨다.

④ NGO, 민간단체 등의 참여를 통한 지역사회 기반 영양관련 프로그램 운영
⑤ 보건의료서비스에서 질병예방 및 치료를 목적으로 한 영양분야 역할 강화

(3) 10대 주요 분야

① 건강한 식생활을 위한 홍보
② 건강한 음식 및 식재료 환경 조성
③ 영유아 및 임산부의 영양 관리 및 지원
④ 어린이와 청소년의 급식 관리 및 지원
⑤ 성인 대상 직장 영양관리
⑥ 영양 취약계층 영양 관리 및 지원
⑦ 영양관리를 위한 지역사회 기반 및 환경 조성
⑧ 영양교육 인력 및 지역사회 역량 강화
⑨ 영양/식생활 연구 및 모니터링
⑩ 영양분야에서 국제협력

2) 핀란드

핀란드에서 식품섭취와 관련된 가장 중요한 문제는 심혈관계 질환, 골다공증, 당뇨, 비만 및 충치기 때문에 영양정책의 가장 중요한 목표는 이러한 문제를 예방하고 개선하는 것이다. 식생활 지침의 책임부서는 국가영양위원회(National Nutrition Council: NNC)와 보건사회부이다. 1952년에 설립된 국가영양위원회는 영양정책을 실행하는 행정조직인 동시에 자문조직의 역할도 수행한다. 위원회는 다양한 정부 부처와 연구소, 소비자단체, 농산물 생산자 단체의 14개 공공 및 민간부문 대표로 구성되어 있다. 1989년에 국가영양위원회는 세계영양선언(1999년)의 일부 항목을 채택하였고, 2005~2008년에 「Action Program for Implementing National Nutrition Recommendations」을 개발하였다.

핀란드는 과일과 채소의 생산을 강조하는 농업정책을 통하여 부처간 통합된 정책을 통해 심혈관계 질환의 예방에 성과를 거두었다. 그러나 어린이 비만율은 크게 증가하고 있어 최근에는 학교 프로젝트가 강조되고 있으며 National Consumer

Agency에서는 어린이 대상 식품광고에 대한 지침을 발표하였고, 새로운 정부혁신 기금을 통해 식품산업과의 협력체계를 조성하고 있다.

3) 네덜란드

네덜란드는 1984년에 처음으로 영양정책을 수립한 이후, 1999년의 「Netherlands : Well Nourished?」, 2000년의 「Sport for all incentive in the Netherlands」, 2003년의 「Living longer in good health 2004-2007」, 2005년의 「Time for sport-excercise, participate, perform」등과 같은 영양과 관련된 정책을 개발하였다.

특히 비만을 감소하기 위한 정책에 집중하고 있으며, 「Covenant on Overweight and Obesity」는 행정조직 뿐 아니라 식품산업, 유통, 외식업, 환대산업, 사회보험, 노동 관련, 중소기업협회, 생수협회 등이 포함되었다. 효과적인 사업 전략으로 커뮤니케이션, 자율규제, 관련자간 네트워킹, 지식과 정보를 강조하였다. 살을 빼기 위하여 첫째, 조직과 개인에게 실천하기 위한 긍정적인 자극 제공, 둘째, 정책 파트너와 대중의 지식 향상, 셋째, 건강한 식품선택을 쉽게 선택할 수 있는 환경 조성을 강조하고, 과일과 채소 소비를 촉진하는 대중매체 캠페인과 학교를 대상으로 건강증진 캠페인을 활발히 추진하고 있다.

4) 프랑스

프랑스는 세계영양선언 8개 영역 중에서 국가영양목표 설정, 영양상태 평가, 분석 및 모니터링체계 구축, 식품 품질 개선과 식품안전 제고를 통한 소비자 보호, 모유수유율 증진, 특정 미량 영양소 결핍 예방 및 관리, 적절한 식습관과 건강한 생활양식 장려 등을 국가 영양사업으로 설정하여 다른 건강관리 사업과 통합하여 운영하고 있다. 관련부처가 공동으로 다학제적인 접근방법으로 프랑스의 전통적인 미식 문화를 고려하면서 일반인의 건강 향상을 위해서 예방과 건강증진에 초점을 두고 신체활동과 통합된 영양중재를 하고 있다. 영양정책 전략으로 생산과 마케팅 관련 민간부문(생산자, 제조자, 유통업자, 학교와 사업장의 급식업자)과 함께 건강한 식품의 수요와 공급, 신체활동을 개선하기 위하여 보건부를 중심으로 8개의 부처(보건부가 의장)와 식품산업체, 소비자 협회와 지방청을 포함하는 다부문 위원회(multisectoral committee)를 구성하고 있다.

과일과 채소 섭취 증가, 신체활동 증가, 설탕이 많은 식품 섭취 감소 등이 포함된 대중매체 캠페인을 2005년부터 시작하였고, 어린이와 청소년을 위해 2005년 9월 학교에 식품 자판기를 금지하는 법안을 만들었으며, 학교급식을 개선하였다. 모든 가공식품의 지방 추가, 가당 또는 가염 식음료에 대한 TV 광고와 마케팅은 국가 보건교육연구소에서 승인한 식사교육 원칙에 관한 경고를 준수해야 하며, 그렇지 않을 경우, 광고주는 연간 광고비의 1.5%를 영양 정보와 교육 캠페인 기금으로 납부해야 한다.

5) 독일

1996년에 보건부와 식품농림부가 영양정책을 채택한 이래로, 「2003년 Action Plan on Consumer Protection」, 2004년에 연방내각은 영양정책의 주요 목표로 과체중과 비만의 위험성을 강조하면서 건강한 생활양식을 촉진하기 위한 「Consumer Protection Policy Report」를 채택하였다. 독일의 주요 영양사업 전략은 균형식, 적절한 운동과 스트레스 관리를 포함하는 예방 위주의 생활양식을 강조하고 있다. 특히 아동과 청소년의 과체중과 비만에 대처하고, 유치원, 학교, 가정에서 올바른 식습관을 실천하는 것을 목적으로 하는 어린이와 젊은이를 대상으로 하는 프로그램이 주요 전략이다. 이 밖에도 저소득층, 이민자 가정을 위한 신체활동과 영양에 관한 소비자 정보 캠페인, 학교 급식 프로그램이 국가 전략에 포함되어 있다.

3. 미주지역과 아시아

1) 미국

미국 영양정책의 요소는 크게 surveillance, interventions, education, food safety, research로 나눌 수 있다. 영양감시를 위하여 각종 건강 및 영양조사, 식품소비조사에 결과에 기초하여 국민들의 영양상태를 분석하고 그 추이를 추적하고 있으며 영양중재는 School Lunch Program, Food Stamp Program, WIC Program, Elderly

Feeding Program 등의 각종 식품 및 영양보조 프로그램을 통하여 수행되고 있다. 교육은 매 5년마다 개정되는 DRIs, 식사지침, 영양표시제도, EFNEP, NET Program 등을 통하여 수행되고 있지만 WIC Program을 비롯한 각종 식품보조 프로그램 수행 현장과 교육기관이나 비정부기관을 통하여 수행되고 있다(박혜련, 2010). 미국의 영양 관련 국가의 종합대책 및 실행계획은 다음과 같다(한국보건산업진흥원, 보건복지부, 2011).

(1) Healthy People 2020

Healthy People 2020은 상무부, 농림부, 통계청, 질병관리본부 등이 협력체계를 구축하여 과일과 채소 소비 증대, 식이지침에 따른 식생활 개선, 식품안정성 강화 등의 문제를 해결하기 위한 정책으로 세부 중점사항은 다음과 같다.

① 건강한 식품에 대한 접근성 제고

보육시설에서 제공하는 식품과 음료의 영양기준을 제시하고, 학교급식에서 영양가 높은 음식과 음료를 제공하고, 주정부에서 식품소매업체에게 인센티브를 제공함으로써 식생활지침에서 권고하는 식품을 구매할 수 있게 한다.

② 의료서비스 및 근무환경

의사가 환자의 BMI를 측정해서 모니터링하고, 병원에서 비만, 당뇨 등 만성질환자를 대상으로 영양과 체중을 관리하고 교육하는 프로그램을 운영하고, 직장에서도 영양과 체중을 관리하는 프로그램을 운영한다.

③ 건강체중 유지

건강체중을 가진 성인 비율을 증가시키고, 비만인 성인, 어린이, 청소년 비율을 감소시키고, 청년과 성인을 대상으로 불필요한 체중증가를 예방한다.

④ 식품안정성 확보

어린이를 대상으로 한 식품안정성을 100% 확보하고, 가정 단위 식품안정성도 확보한다.

⑤ 식품과 영양 섭취(2세 이상 대상)

과일, 채소, 통곡물, 칼슘의 섭취를 늘리고, 고형지방, 설탕, 포화지방, 소금의 섭취를 줄인다.

⑥ 철결핍 비율 감소

어린이, 가임기 여성 및 임산부의 철결핍 비율을 줄인다.

(2) Let's Move : America's Move to Raise a Healthier Generation of Kids

Obama 대통령의 부인인 Michelle Obama가 2010년에 시작한 것으로 현재 태어나는 어린이들은 건강한 체중으로 성인기에 도달하는 것을 목표로 한다. 어린이 건강에 영향을 미치는 모든 부문이 참여하는 통합적 접근을 하며, 학교, 가정, 지역사회에서 어린이들이 신체적 활동을 늘리고 건강한 식생활을 하고, 건강을 유지하는데 도움이 되는 간단한 지침을 제공한다. 미국에서 처음으로 대통령령으로 어린이 비만 문제를 해결하기 위하여 Task Force를 구성하여 어린이 영양 및 신체활동과 관련된 모든 프로그램과 정책을 검토했다. 이 정책은 2030년까지 어린이 비만율을 비만이 급격하게 증가하기 시작하기 전 시점인 1970년대 말 수준인 5%로 감소시키는 것을 목표로 하고 다음과 같은 활동에 초점을 두었다.

① 임신기부터 유아기까지 어린이의 건강한 출발 보장
② 부모와 보호자의 역량 강화
③ 학교에서 건강한 음식 제공
④ 건강에 도움이 되는 값싼 식품을 쉽게 구할 수 있는 방안 마련
⑤ 신체활동 증진

(3) Healthier US Initiative와 Steps to a Healthier US Initiative

Healthier US Initiative는 미국인들이 더 오래, 더 나은 더 건강한 삶을 살게 하기 위한 것으로 체력, 영양, 예방, 건강한 선택으로 구성된다. 이를 위하여 정부는 National 5 A Day for Better Health Program을 강화하고, 교육부, 농무성(USDA: United States Department of Agriculture), 보건후생성(DHHS: Department of Health and Human Services)가 학교 영양을 증진시키기 위한 양해각서를 체결하였고, Eat Smart - Play Hard Campaign을 하고 있다. 2003년에 시작된 Steps to a Healthier US Initiative는 연방정부와 주, 도시, 커뮤니티가 협약한 5년 프로그램으로, 40개 커뮤니티에 비만, 당뇨, 심장병, 뇌졸중, 천식을 감소시키고 예방하기 위한 프로그

램에 기금을 지원하고 있다.

(4) 기타 영양관련 제도

① Healthy, Hunger-free Kids Act of 2010

영양가 있는 점심과 영양교육을 제공하는 National School Lunch Program, 저소득층학생에게 아침을 제공하는 School Breakfast Program, 저소득층에게 과일과 채소를 제공하는 Fresh Fruit and Vegetable Program, 기타 영양지원 사업 대상에 포함되지 않으나 지원이 필요한 어린이에게 우유를 제공하는 Special Milk Program 등이 있다. 이 법에 의해 급식의 질을 높이기 위한 정부의 지원금이 인상되었으며, 학교에 설치된 자동판매기에서 판매되는 식품의 영양기준을 정하여 비만으로 이어질 수 있는 정크푸드 판매를 금지하였고, 식사시간에 질 좋은 식수가 제공되고 있다.

② National Nutrition Monitoring and Related Research Act

식품 생산자가 식품에 포함된 영양성분의 함량 정보를 공개하도록 하고, 농무성과 보건후생성이 공동으로 식생활지침을 주기적으로 개정하도록 규정하고 있는 법이다.

③ Nutrition Labeling and Education Act

모든 가공식품에 영양표시를 의무화하여 영양표시제도의 근간이 된 법이다. 식품의 영양소함량 강조표시가 가능하며, 특정 질병과 특정 영양소의 상관관계를 표현하는 건강강조표시가 가능하다. 건강강조표시의 인증을 받기 위해서는 연구에 의해 입증된 객관적이고 과학적인 증거에 의해 FDA의 사전허가가 필요하다(최혜미 등, 2011).

(5) 영양정책 시행기관

미국의 영양정책을 담당하는 중요한 행정조직은 농무성과 보건후생성이며, 이 두기관은 주정부 및 지방정부와 긴밀하게 협조하고 있다. 농무성은 1862년 농업정보를 제공하기 위하여 설립된 연방정부기관으로 오늘날에는 학교급식, 저소득층을 위한 식품제공 프로그램, 영양가 높은 작물을 재배하기 위한 기술 개발, 개발도상국의 식량원조 등에도 관여하고 있다. 또한 보건후생성과 함께 미국인을 위한 식사지침을 개발하고, 이를 교육도구로 활용하도록 홍보한다. 농무성의 주요 조직과 역할은 <표 3-2>에 제시되어 있다(최혜미 등, 2011).

〈표 3-2〉 농무성 산하 영양 관련 주요 조직과 역할

조직명		주요 역할
Human Nutrition Information Services	HNIS	• 농무성 주관의 식품소비조사의 모니터링 활동과 영양소 DB 관리 • 식사지침과 관련된 다양한 교육자료 제작
Food and Nutrition Service	FNS	• 학교급식 프로그램, 아침급식 프로그램, WIC 등 15개 연방 영양보조 프로그램 관리
Center for Nutrition Policy and Promotion	CNPP	• 보건후생성과 식사지침 제정 및 홍보
Food Safety and Inspection Service	FSIS	• 축산물의 안전성과 식품표시 관리

출처 : 최혜미 외(2011)

보건후생성은 미국인들의 건강을 보호하고 필수적인 복지를 제공하기 위하여 1979년에 설립되었다. 영양정책과 관련된 주요 조직과 역할은 <표 3-3>에 제시되어 있다(최혜미 등, 2011).

〈표 3-3〉 보건후생성 산하 영양 관련 주요 조직과 역할

조직명		주요 역할
Office of Disease Prevention and Health Promotion	ODPHP	• 국가영양목표 개발 및 시행 • 농무성과 함께 식사지침 개발
Food and Drug Administration	FDA	• 식품, 의약품, 화장품 등의 안전성 확보 • 영양표시
National Institute of Health	NIH	• 영양연구와 교육 프로그램 관리
• National Heart, Lung, and Blood Institute	NHLBI	• 심장, 폐, 혈액 관련 질환의 예방과 치료를 위한 연구와 교육 프로그램 제공 • National Cholesterol Education Program(NCE P)관리
• National Cancer Institute	NCI	• 암 예방 관련 연구에 주도적 역할
Center for Disease Control and prevention	CDC	• 영양모니터링과 감시체계 관리
National Center for Health Statistics	NCHS	• 국민건강영양조사 NHANES를 관리하고 자료 및 결과 공개
Administration for Children and Families	ACF	• Head Start Program 관리

출처: 최혜미 외(2011)

미국에서 시행하고 있는 과일과 채소 섭취증대를 위한 사업을 소개하면 <표 3-4>와 같다.

〈표 3-4〉 미국의 과일. 채소 섭취증대를 위한 사업

프로그램명	5 A DAY	Agriculture in Classroom
주관기관	미국 정부와 민간 기업이 함께 설립	USDA
시작시기	1991년	1981년
목표	식생활개선을 통한 암과 기타 만성 질환의 발병률 감소	학생들이 경제, 사회면에서 농업의 역할을 잘 인식할 수 있도록 돕고 농업 정책을 지원할 수 있는 현명한 시민이 되도록 함
교육내용 및 프로그램	① 하루에 채소, 과일 5 serving 또는 그 이상 먹기의 중요성 인식 개인의 연령, 생활습관 및 운동량에 따라 개별화된 2컵~6컵 반의 섭취량 권장 ② 소비자들에게 하루의 식사 패턴에서 채소와 과일을 더 많이 먹을 수 있는 구체적인 정보를 제공 ③ 가정, 직장 등 식품이 제공되는 장소에서 채소.과일 섭취 증대 유도 ④ 공공인식 향상을 위한 미디어 캠페인, 홍보 및 이벤트 활동 ⑤ 구매 포인트 프로그램 진행 및 모니터링 ⑥ 지역의 산업과 공동체 그룹을 통한 지역사회 수준의 중재 ⑦ 식품산업과 연계	① 각 주별로 자체적인 프로그램 운영 및 웹사이트 운영 ② 교내 Food garden 가꾸기 등의 어린이 식물 기르기 프로그램 ③ 작문 대회 개최 및 책 발간 ④ 해당 주에서 자라는 작물에 대한 학생신문 'What's growing on?' 발간 ⑤ 교사들을 위한 워크샵 개최 ⑥ 농장에서의 하루, 농작물은 내가 자라도록 도와줍니다, 농장의 동물들, 구매하기, 식품선택하기-피라미드 방법, 아빠 오늘 저녁에 무엇을 먹을까요? 등을 주제로 학년별 커리큘럼 진행 ⑦ 30여 가지 이상의 레슨, 활동 및 컬러링 시트를 개발, 웹사이트에 게시하여 봉사자들을 비롯, 농업을 배우려는 학생과 교사가 이용할 수 있게 함 ⑧ 10가지 활동 워크스테이션이 있는 42피트 길이의 이동식 과학 농업 센터(트레일러 형식) 운영
효과	- 5 A DAY 운동 시작 3년 만에 채소 소비량 15%, 과일소비량 17% 증가 - 의식변화 및 전문적인 교육, 식품 시스템 변화, 조직적인 변화의 모델로 정착	- 협동정신 함양 - 캘리포니아주 94%의 교사가 학생들이 농업에 대해 감사히 여기게 되었다고 응답 - 일리노이주 96%의 교사가 학생들이 농업 학습이 매우 이롭다고 응답 - 버지니아 워크샵 참가자의 87~89%가 농업이 변화되는 것을 느낀다고 응답 - 뉴저지주 4,688명의 학생들이 자신의 식량을 재배하고 수확할 기회를 얻음 - 뉴저지주 교사 100%가 프로그램을 통해 학생들의 과학, 수학, 언어과목에 대한 흥미가 높아졌다고 응답

출처 : 박혜련(2010)

4. 캐나다

캐나다는 1992년 세계영양총회(ICN)에서 채택된 세계영양선언의 철학을 반영하여 1996년 건강한 식생활 실천 강화, 영양취약집단 지원, 건강한 식생활을 지지하는 식품유용성의 지속성 확보, 영양연구 지원의 4가지 전략을 강조하였다. 2000년대 들어서면서 캐나다 영양정책의 기조는 Health Living Strategy로 변경되었다. 건강한 생활양식을 통하여 비만과 만성질환을 예방하기 위해서 2002년부터 3년간 광범위한 전문가가 참여하여 2005년부터 2015년까지 국가전략으로 특히 올바른 식생활, 신체활동, 적정체중의 3대 요소를 강조하는 캐나다의 대표적인 건강증진 국가 전략인 The Integrated Pan-Canadian Health Living Strategy를 설정하였다.

이 전략은 전체적인 건강성과의 향상, 건강과 관련된 차별과 불평등 감소를 목표로 설정하고, 올바른 식생활, 신체활동, 적정체중의 3대 요소를 강조하고 있다. 바른 식생활목표는 하루 5번 야채와 과일을 먹는 인구를 2003년 39.0%에서 2015년 46.8%로 20% 증가시키며, 건강체중(18.5≤BMI≤24.9) 인구비율을 2003년 46.7%에서 2015년 56.0%로 20% 증가시키는 목표를 설정하였다. 조정위원회의 지침에 따라 4개의 실무그룹을 설립하였는데, 실무그룹의 기능은 다음과 같다.

① Social Marketing/Public Information Working Group
건강생활에 관하여 일관성이 있고, 보편적인 표적화된 메시지를 효율적으로 전달하기 위한 사회마케팅 캠페인 개발

② Priorities and Objectives Working Group
전략 목표와 대상, 수행정도 및 평가의 틀 개발

③ Research and Surveillance Working Group
통합된 연구의제와 최우수 실천사례 발굴과 감시 활동

④ Inter-sectoral Fund Working Group
부문별 재원조달을 위한 방안 조사

〈표 3-5〉 캐나다 Health Living Strategy의 기대효과

단기(6~18개월)	중기(18~69개월)	장기(5년 이상)
• 개인과 관심 인구집단의 건강 정보 지식 증가 • 건강정보와 건강증진 프로그램에 접근성 증가 • 우선순위가 높은 건강 이슈에 대처하는 healthy living approaches의 통합과 협력 강화	• 오지와 벽지의 물리적, 사회적 건강지지 환경 접근성 증가 • 건강을 증진하는 사회적, 물리적 환경을 만들기 위한 지역사회의 역량 증가 • 건강행위에 참여하는 인구 비율 증가	• 건강 불균형 감소에 기여 • 질병으로 인한 인적, 경제적 부담 감소에 기여 • 건강 성과 향상 • 캐나다인의 삶의 질 향상

출처 : 김혜련(2008)

〈표 3-6〉 캐나다 Health Living Strategy의 건강식사 전략

	단기(6~18개월)	중기(18~69개월)
일반 목표	• 건강한 식생활 패턴, 행동, 선택 개선과 건강식품 선택의 접근성과 구매가능성 향상	
부모/가족	• 건강한 식이섭취, 활동적인 생활양식(신체활동 증가, TV 시청 감소, 보다 건강한 식사)에 참여 및 촉진	
보건 전문가	• 어린이와 청소년의 BMI를 일상적으로 추적하고 어린이와 가족에 적절한 상담과 안내 제공 • 지역사회 보건서비스 제공자에게 영양훈련과 평생교육	
지역사회/NGO	• 건강한 식생활 프로그램, 특히 원주민과 이민자를 포함하는 고위험집단에 대한 지원	• 핵심 표적인 원주민, 이민자, 저소득층, 젊은 부모, 노인들을 위한 “실제체험(hands on)” 교육 프로그램 개발 시행
주정부/지자체/보건기관	• 학교 건강 노력의 일부로 학교 영양정책/표준 개발	• 지역의 식료품점에서 건강한 식품 선택을 위한 구매가 가능하도록 보장 • 식품안정성 전략지지 (community gardens, coop kitchens 등)
연방정부	• 식생활 프로그램과 정책의 개발, 실행을 돕기 위한 지역(P/T) 협력 기회 지원	• 건강한 식품 선택에의 접근에 대한 보조금 지급 방법 연구
민간부문	• 식품상점(outlet)의 비영양표시 식품의 영양함량 정보의 이용성 증가	• 영양가 있는 새로운 식품 도입 장려

출처 : 김혜련(2008)

이 전략은 관련된 다양한 기관과 제휴를 하기 위하여 가능한 많은 관련자들을 참여시키는 포럼을 시행하고, 조정을 통하여 모든 부문에서 일관성있는 지침을 제공하며, 공통의 위험요인에 대처하기 위해 다음과 같은 전략적 방향을 설정하였다.

① 리더십과 정책 개발
② 지식의 개발과 전파
③ 지역사회 개발과 기반조성
④ 일반인에게 정보 제공

Health Living Strategy를 통해 단기, 중기, 장기적으로 기대하는 효과를 정리하면 <표 3-5>와 같으며, 건강한 식사를 위한 구체적인 관련 부분간의 협력전략은 <표 3-6>과 같이 정리될 수 있다(김혜련, 2008).

5. 오스트레일리아

1) Eat Well Australia 2000-2010(EWA)

EWA는 호주의 종합화된 영양정책으로 건강향상에 초점을 맞추어 2000년부터 2010년까지 10개년 계획을 수립한 것이다. 1998~1999년 2년 동안 여러 전문가 그룹, 관련 연방 및 주정부 기관 및 자문기구, 식품산업체, 소비자, 지역사회를 광범위하게 참여시켜 의견을 수렴하였고, 개운보다는 인구집단, 그중에서도 우선적으로 취약집단에 대한 고려를 거쳐 확정되었다. <그림 3-1>에는 Eat Well Australia의 우선순위 영역과 영역간 연계가 제시되어 있다. EWA는 <표 3-7>과 같은 26개 Initiative로 구성되어 있으며, 각각의 Initiative에 대하여 다음 8가지 요소를 구체적으로 명시한 계획을 가지고 있다.

2) Australia : The Healthiest Country by 2020-National Preventative Health Strategy

이 전략은 비만, 담배, 술에 집중하고 있으며, 2020년까지 호주를 가장 건강한 국가로 만드는 것을 비전으로 삼고 있다. 2020년까지 과체중과 비만 증가를 멈추게 하고, 매일 흡연하는 18세 이상이 성인 인구 비율을 2017년 17.4%에서 2020년 10% 이하로 감소시키고, 국민 특히 어린이가 일상생활에서 간접흡연에 노출되지 않게 하고, 임신부의 흡연을 최소화한다. 단기적 고위험 음주인구 비율을 14%, 장기적 고위험 음주인구 비율은 7%로 낮추는 것을 목표로 한다. 또한 토착민과 비토착민 사이의 기대수명의 차이를 줄인다. 이 전략의 주요 실행분야는 다음과 같다(한국보건산업진흥원, 보건복지부, 2011).

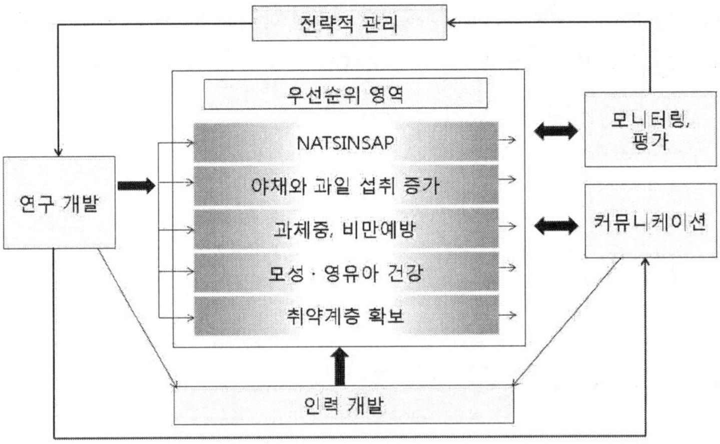

출처 : 김혜련(2008)

〈그림 3-1〉 Eat Well Australia의 우선순위 영역과 영역간 연계

① 전반적으로 신체활동을 증가시키고 몸을 움직이지 않는 생활습관을 감소시킬 수 있도록 환경변화를 촉진시킨다.

② 보다 건강한 식품의 유용성과 요구도를 높이고, 건강하지 못한 식품의 이용가능성과 요구도를 감소시킬 수 있도록 식품공급의 변화를 촉진시킨다.

③ 일상생활에서 신체활동과 건강한 식습관을 정착시킨다.

④ 포괄적이고 효과적인 사회적 마케팅을 통하여 국민들이 신체활동을 많이 하고 건강한 식습관을 갖도록 홍보한다.

⑤ 어린이를 대상으로 하는 고열량, 저영양 식품의 마케팅, 광고, 판촉, 후원 등을 감소시킨다.

⑥ 헬스케어와 공공보건 인력을 강화하고 기술증진 및 지원을 통하여 국민들이 건강한 선택을 할 수 있게 지원한다.

⑦ 생애 첫 단계의 건강과 건강한 성장을 위하여 모자보건을 강화한다.

⑧ 저소득층 지역에서 신체활동과 건강한 식습관을 증가시킬 수 있도록 지원한다.

⑨ 토착민 지역사회의 비만유병율과 그로 인한 부담을 감소시킨다.

⑩ 근거중심의 실행과제의 효과를 모니터링하고 평가한다.

오스트레일리아에서 시행되고 있는 영국에서 시행되고 있는 과일과 채소 섭취 증대를 위한 사업을 소개하면 <표 3-8>과 같다(박혜련, 2010).

〈표 3-7〉 Eat Well Australia의 전략적 틀과 26개의 Initiatives

전략적 틀	대상	실행 전략과 Initiatives
건강획득 (EWA Health Gain Initiatives)	채소·과일 섭취 장려	• 채소·과일 섭취 증진 • 채소·과일 섭취에 영향을 미치는 구조적 요인에 대처 • 채소·과일 섭취 촉진을 위한 연구 강화
	건강 체중 장려	• 건강 체중 도모
	모성과 영아의 영양 향상	• 임신부와 수유부 영양 향상, 엽산전략과 캠페인 • 모유수유 장려와 영아의 영양 향상
	아동의 영양 향상	• 아동 영양 향상
	취약집단 영양개선	• 서비스 접근 향상을 위한 조직 변화 도모 • 광역적인 사회정책에 영양정책 반영 • 안전하고 건강한 식품 접근의 구조적 장벽 개선
역량 개발 (EWA Capacity Building Initiatives)	보건영양에 대한 연구 투자	• 공중보건영양연구에 투자 • 연구결과의 활용과 전파 • 연구에 민간부분 투자 촉진 • 연구 개발 혁신
	효과적인 사업 실행	• 채소·과일 섭취 증진을 위한 연구 • 연구결과의 홍보
	인력 개발	• 필요한 인적자원 확보 • 직무교육 확대 • 1차 보건전문가 훈련 • 비보건인력 훈련
	대중과 커뮤니케이션	• EWA 전략 보급 • 대중 커뮤니케이션
전략적 관리 (Strategic Management)	EWA와 NATSINSAP 실행의 조정	• EWA와 NATSINSAP 실행의 조정
	영양정책 개발 및 자원배분	• 영양정책 개발과 자원배분을 위한 기준 마련
	식품영양 모니터링	• 파트너쉽 모니터링 • EWA의 평가

출처 : 김혜련(2008)

〈표 3-8〉 오스트레일리아의 과일과 채소 섭취증대를 위한 사업

프로그램명	Go for 2 & 5
주관기관	호주정부 Department of Health and Aging
시작시기	2005년
목표	관상동맥질환, 몇몇 종류의 암, 비만, 변비 등의 질병 예방과 건강 체중 유지를 위해 하루에 과일 2번, 채소 5번을 먹을 것을 권장
교육내용 및 프로그램	① "하루에 적어도 과일은 2번, 채소는 5번 먹자" ② Fruit'n'Veg Month : 과일과 채소 섭취의 필요성 인식을 위해 채소와 과일의 달 제정, 공공기관을 포함한 여러 국방부 직할부대 및 기관에서 다양한 활동 추진. ③ Crunch&Sip : 학교와 가정에서 어린이들에게 매일 채소와 과일을 먹는 것과 물마시기를 촉진하는 프로그램으로 어린이에게 건강한 에너지 보충, 집중력 향상, 정신적, 신체적 활동 함양, 직장에도 적용 가능
효과	학부모 : 채소소비에 관한 인지도가 24%에서 32%로 높아짐 학부모 : 과일소비에 관한 인지도가 92%에서 94%로 높아짐 어린이 : 채소소비에 관한 인지도가 16%에서 33%로 높아짐 어린이 : 과일소비에 관한 인지도가 83%에서 89%로 높아짐 (2007년 결과)

출처 : 박혜련(2010)

6. 일본의 영양정책

1) 국민건강만들기 운동

일본의 영양정책은 '국민건강만들기' 운동의 주요 영역으로 전개되고 있다. 1978년 시작된 제1차 국민건강만들기에 이어 1988년에 실시된 제2차 운동은 'Active 80 Health Plan'이라는 슬로건 아래 80세에도 자립적이고 사회 참여가 가능한 활동적인 고령자를 목적으로 질병의 발생을 막는 1차 예방과 영양·운동·휴양을 중시함으로써 고령화 사회에 대비한 정책이다. 제3차 운동은 '건강21'이라는 슬로건으로 이루어졌는데, 영양과 식생활, 신체활동과 운동, 휴양과 마음의 건강 만들기, 담배, 알콜, 치아건강, 당뇨병, 순환기병(뇌졸중, 허혈성 심질환, 심장

병 등), 암 등의 9개 분야를 대상으로 하였다. 1단계에서는 생활습관을 개선하고, 2단계에서는 위험인자를 줄이고, 검진을 충실하게 하고, 3단계에서는 질병을 감소하기 위한 대책을 시행하였다. <표 3-9>에는 국민건강만들기 운동의 변화 과정이 제시되어 있다.

〈표 3-9〉 국민건강만들기 운동의 변화

경과	주요 내용
제1차 국민건강만들기 운동	• 1978년 시작 • 성인병 예방과 국민의료비 억제 • 평생을 통한 건강만들기 추진 • 건강만들기 기반 조성 • 건강만들기 계몽과 보급
제2차 국민건강만들기 운동 Active 80 Health Plan	• 1988년 시작 • 질병 발생의 1차 예방 중시 • 영양 · 운동 · 휴식을 중시하여 고령화 사회에 대비한 정책 • 가공식품의 영양성분 표시제도 보급 • 집단급식시설에 관리영양사 배치 • 식생활지침의 보급, 일본인 영양소요량의 제정과 보급 • 초고령화 사회를 대비하여 Active 80 Health 캠페인을 통해 노년기 삶의 질 향상 도모 • 노인보건법에 의해 건강수첩 교부, 건강교육, 상담, 진단사업 수행
제3차 국민건강만들기 운동 건강일본 21	• 2000-2010 • 건강만들기 지원을 위한 환경정비 • 건강만들기 국민운동화 • 효과적인 검진과 보건지도 실시 • 산업계와 제휴하여 보건지도 사업자 확보 • 인재육성 • 과학적 근거에 바탕을 둔 시책 전개

* 최혜미 외(2011)를 참고로 하여 제3차 국민건강만들기 운동을 첨부하였음

2) 식육기본법제정과 식생활교육

식육기본법은 2005년 6월에 내각부가 중심이 되어 제정되었으며, 2006년 9월에 식육추진기본계획이 수립되었다. 식육추진체계는 2006년부터 2010년까지 내

각부, 문부과학성, 후생노동성, 농림수사성과 함께 도도부현, 시정촌과 식품사업자, 농립어업자, 교육 · 보육 · 의료 · 보건 관계자와 각종 단체가 참여하여 국민운동으로 전개되었다. 식육추진의 기본방침은 다음과 같다.

① 국민 심신의 건강증진과 풍부한 인간형성
② 음식에 대한 감사와 이해 증진
③ 다양한 주체의 자발적 식육추진운동의 전개
④ 아동식육을 위한 아동보호자, 교육관계자의 역할 강조
⑤ 다양한 생활터전에서 음식체험 활동과 식육추진 활동 실천
⑥ 전통 식생활문화, 환경과 조화를 이룬 생산 등을 배려하여 농촌, 산촌, 어촌의 활성화와 식량자급율의 향상
⑦ 식품안전성을 확보하기 위하여 식육을 통하여 행정, 관련단체, 소비자 간의 정보와 의견이 활발하게 이루어지는 시책 강구

3) 건강 프런티어 전략 2005–2014

건강 프런티어 전략은 2005년부터 10년 전략으로 국민 개개인의 전생애에 걸쳐 건강하고 활동적인 밝고 활력있는 사회를 구축하기 위하여 생활습관병 대책과 개호예방을 추진하는 것을 중요한 과제로 삼고 있다. 이 전략은 단순히 장수하는 것이 아니라 건강수명을 10년 안에 2년 연장을 목표로 생활습관병 대책, 개호예방, 여성의 암 긴급 대책 등의 시책을 중점적으로 추진하고 있다.

2005년에 개정된 신개호보호법은 2006년부터 예방을 중시하는 개호예방사업을 포함하게 되었다. 개호예방사업의 중요한 내용 중 하나로 식비급여를 폐지하고 영양케어 매니지먼트가 도입되었다. 영양케어 매니지먼트는 대상자의 영양상태를 평가한 결과를 바탕으로 해서 서비스의 기본조합을 구성하여 케어플랜을 세운다. 영양서비스를 제공하는 과정에서는 운동기능, 구강기능, 방문개호 서비스 및 복약지도 등 다른 관계자와 협동해서 서비스를 제공한다(김혜련, 곽노성, 문현경, 백희영, 강장미, 김어지나, 이정원, 2007).

4) 영양정책을 담당하는 행정조직

일본의 영양정책을 담당하는 주요 행정조직으로는 후생노동성, 농림수산성, 문부과학성과 식품안전위원회가 있다. 후생노동성은 건강일본21 등 주요 영양정책의 주무 부처이며, 식량정책을 담당하는 농림수산성에서는 생활개량보급원이 농림어업종사자의 식생활 개선을 담당하고 있다. 문부과학성에서는 학교급식을 관리하여 아동 및 학생의 영양 개선과 식품표준성분표 책정 등을 주관한다. 그 밖에 국토교통성 및 방위청에서도 각각 소관시설의 급식을 통해 영양 개선활동이 이루어지고 있다.<표 3-10>에는 일본의 영양정책을 담당하는 주요 행정조직과 그 조직에서 담당하고 있는 영양정책이 제시되어 있다(최혜미 외, 2011).

〈표 3-10〉 일본의 행정조직 및 주요 영양정책

행정조직	주요 영양정책
후생노동성	• 국민 개개인의 건강만들기와 생활습관병의 예방을 위한 영양 및 식생활에 관한 대처 • 건강일본21을 통한 생활습관병 대책 추진 • 대사증후군 대책 추진 • 개호예방 10개년 전략(건강프런티어 전략) • 건강진단을 통한 질병의 조기발견과 보건사업의 강화 • 식사밸런스 가이드 보급
농림수산성	• 건전한 식생활을 위한 농림어업 및 식품산업의 올바른 지식 보급과 식문화 계승 • 식량자급률 향상 • 식사밸런스 가이드 보급 • 식량 · 농업 · 농촌 기본 계획 추진 • 지역 고유의 식품, 농림수산물, 농림수산업, 식품산업에 관한 바른 이해와 지역의 우수한 식문화 전승 등의 국민운동 추진
문부과학성	• 식생활에 관한 올바른 지식과 식습관 형성을 위해 학생을 대상으로 학교급식과 영양교사를 통한 식생활 교육 • 학교보건 통계조사, 학교급식 영양보고 • 학교급식의 일본 농산물 활용 촉진
식품안전위원회	• 식품의 안전성에 대한 정보제공과 의견 교환
지방정부 · 자치단체	• 지역사업의 전개(보건소, 시정촌 보건센터 등)

출처 : 최혜미 외(2011)

4장

영양표시제도

1. 우리나라의 영양표시제도
2. 외국의 영양표시제도
3. 어린이를 위한 영양표시제도

4장

영양표시제도

영양표시정책은 식생활에서 건강에 직접적인 영향을 주는 영양정보를 제공하는 수요자중심의 정책으로 우리나라 뿐 아니라 국제적으로도 영양표시의무화로 나아가는 추세이다. 국가마다 당면과제와 식품산업의 수준 등 정책환경이 다르기 때문에 국제식품규격(Codex) 지침에서는 자국의 영양정책에 따라 영양표시제도를 탄력적으로 운영하도록 규정하고 있다. 식생활 환경과 소비자의 요구가 변화됨에따라 식약처의 식품관리정책도 생산자와 제조자 위주의 감시와 관리 중심의 정책만으로는 소비자요구를 충족시킬 수 없기 때문에 수요자에게 정보를 제공하는 정책으로 정책의 방향이 바뀌게 되었다(박혜경, 2009).

영양표시제도는 일정한 사항의 영양표시의무를 식당이나 음식관련 기업에게 부과하는 것으로 가장 보편적인 정보공개수단이다. 영양표시제도는 소비자의 합리적인 선택을 돕고, 동종 또는 유사한 외식업 간에 경쟁을 유도하여 영양적으로 좋으면서 맛도 있는 음식을 공급하게 하는 유인책이 될 수 있다는 점에서 중요한 정책이 될 수 있다. 영양표시제도가 시행되면 소비자가 선택을 할 때 영양표시를 중요한 판단기준으로 삼게 되고, 이 사실을 알고 있는 외식사업자들은 소비자의 선택을 받기 위하여 자발적으로 더 좋은 음식을 만들려고 하게 된다. 이 결과 영양표시에 큰 관심을 가지지 않는 소비자들도 무임승차로 좋은 결과를 얻을 수 있다.

2012년 12월 나온 연세대학교 강남세브란스병원 가정의학과 강희택·심재용·이혜리 교수팀의 연구결과를 보면, 식품 포장지에 붙은 '영양성분 표기내용(영양성분 라벨)'을 챙겨 읽는 사람은 그렇지 않은 사람에 비해 대사증후군 위험도가 낮았다. 연구진은 제4기 국민건강영양조사에서 '영양성분 표시 설문'에 참여한 19세 이상 7천756명을 대상으로 대사증후군 유병률 차이를 살펴봤다. 분석결과, 식품 포장지의 영양표시를 읽는 그룹의 대사증후군 유병률은 16.8%였다. 반면 읽지 않는 그룹은 27.2%, 아예 영양표시를 모르는 그룹은 47.3%로 높았다. 대사증후군은 몸에 좋은 고밀도콜레스테롤(HDL)의 혈중수치가 40㎎/㎗ 이하이면서 혈압(130/85 ㎜Hg), 혈당(110㎎/㎗), 혈중 중성지방(150㎎/㎗)이 높고 복부비만(90㎝ 이상)인 경우를 말한다. 강희택 교수는 "포장 식품에 들어 있는 영양성분을 확인하는 습관을 들이면 건강한 식생활 형태를 보일 수 있다"고 말했다(연합뉴스 2013년 6월 6일).

영양표시제도가 실효성을 거두기 위해서는 영양표시에 적극적인 소비자가 시장에 일정 비율 이상이 될 수 있도록 영양교육이 활성화되어야 한다. 영양표시를 적극적으로 활용하는 소비자주권의식이 높은 소비자가 시장에 많이 존재하게 되면 정부는 영양표시제도를 보다 확대하려고 노력하게 되고, 기업은 보다 질좋은 제품을 생산하여 판매하려고 노력하게 되기 때문이다. 아무리 좋은 영양표시제도가 있다고 하더라도 소비자가 영양표시를 잘 읽거나 활용하지 않는다면 제도의 효과는 미미할 수밖에 없다는 점에서 영양교육이 중요한 역할을 한다고 볼 수 있다. 이 장에서는 저자들이 2011년에 발간한 건강한 식생활을 위한 나트륨 줄이기 정책을 수정보완 하여 우리나라를 비롯한 주요 선진국의 영양표시제도에 관하여 설명하였다.

1. 우리나라의 영양표시제도

1994년에 영양표시제도를 도입한 우리나라는 가장 먼저 특수용도식품, 건강보조식품, 영양 강조표시제품에 영양성분 표시를 의무화하였고, 영양표시 대상식품을 지속적으로 확대하고 있다. 2006년에는 영양성분 표시 단위에 1회 제공량 제도를 도입하여 일부 식품에 1회 제공기준량을 선정하였고, 2010년부터는 어린이 식생활안전관리특별법에 근거하여 패스트푸드 등 일부 외식메뉴에도 영양성분을 표시하도록 하였다(박혜경, 2009).

1) 식품 등의 표시기준

식품 등의 표시기준(식약처고시 제2008-66호)에 의하면 영양표시는 제품 일정량에 함유된 영양소의 함량을 표시하는 것을 의미한다. 식품의약품안전처 영양평가과 영양표시정보에서는 식품에 어떠한 영양소가 얼마나 들어있는지를 식품 포장에 표시하는 것이라고 규정하고 있다. 가공식품의 영양표시는 식품위생법 제10조 1항에 의한 식품등의 표시기준에 따라 관리되고 있다. 현재 장기보존식품, 과자류 중 과자 및 캔디류, 빵류 및 만두류, 초콜릿류, 잼류, 식용 유지류, 면류, 음료류, 특수용도식품 등과 같은 9가지 가공식품에 영양표시를 의무화하고 있다. 표시대상이 되는 가공식품에 대해 나트륨을 포함하여 열량, 탄수화물, 당류, 단백질, 지방, 포화지방, 트랜스지방, 콜레스테롤 등 9가지 영양소를 의무적으로 표시하도록 되어 있다.

영양성분의 함량은 1회 제공량당, 100그램(g) 당, 100미리리터(ml)당 또는 1포장 당 포함하고 있는 값으로 표시해야 하고, 각 영양성분별로 식품등의 표시기준에서 제공하고 있는 표시단위와 동일하게 표시해야 한다. 나트륨과 콜레스테롤은 mg단위로, 열량은 kcal, 탄수화물과 당류, 단백질, 지방, 포화지방, 트랜스지방은 g으로 표시해야한다.

영양표시를 할 때, 영양성분은 8포인트 이상의 굵은 고딕체로 해야 하며, 2009년 5월 1일부터 의무적으로 도안 형태로 표시하도록 규정하고 있다. 표시대상 가공식품의 사업자는 식품등의표시기준의 '영양성분 표시서식 도안'에서 제공하고 있는 양식 중 1개를 선택하면 된다. 1회 제공량당, 100g(ml)당 또는 1포장당, 총 제공량당 중 어떤 단위로 표시하는 가에 따라 도안 양식에 차이가 있다. <그림 5-1>에는 영양성분 표시서식 도안이 제시되어 있다. 100g(ml)당 또는 1포장당 표시하는 식품은 갑형 나)의 서식과 같이 ⓐ, ⓒ 및 ⓓ를 표시할 수 있다. 100g(ml)

당 또는 1포장당 표시하는 식품은 갑형 나)의 서식과 같이 ⓐ, ⓒ 및 ⓓ를 표시할 수 있다. 100g(ml)이상 포장된 제품의 경우 ⓐ 1회 제공량은 100g(ml)으로, ⓑ 총 횟수 및 제공량은 총 내용량 g(ml)으로, ⓒ 1회 제공량당 함량은 100g(ml)당을 기준으로 산출하여 표시하여야 한다.

(1) 1회 제공량당, 100g(ml)당 또는 1포장당으로 표시하여야 하는 제품

① 갑형

가) 1회 제공량당

영 양 성 분		
1회 제공량 00 (00g) ⓐ 총 00회 제공량(00g) ⓑ		
1회 제공량 당 함량ⓒ		* %영양소 기준치ⓓ
열량	000㎉	
탄수화물	00g	00%
당류	00g	
단백질	00g	00%
지방	00g	00%
포화지방	00g	00%
트랜스지방	00g	
콜레스테롤	00mg	00%
나트륨	00mg	00%
* %영양소 기준치 : 1일 영양소 기준치에 대한 비율		

나) 100g(ml)당 또는 1포장당

영 양 성 분		
1회 제공량 00 (00g) ⓐ 총 00회 제공량(00g) ⓑ		
1회 제공량 당 함량ⓒ		* %영양소 기준치ⓓ
열량	000㎉	
탄수화물	00g	00%
당류	00g	
단백질	00g	00%
지방	00g	00%
포화지방	00g	00%
트랜스지방	00g	
콜레스테롤	00mg	00%
나트륨	00mg	00%
* %영양소 기준치 : 1일 영양소 기준치에 대한 비율		

② 을형

영 양 성 분 1회 제공량 00 (00g) ⓐ 총 00회 제공량(00g) ⓑ	1회 제공량 당 함량ⓒ		* %영양소 기준치ⓓ	1회 제공량 당 함량ⓒ		* %영양소 기준치ⓓ
	열량	000㎉		지방	00g	00%
	탄수화물	00g	00%	포화지방	00g	00%
	당류	00g		트랜스지방	00g	
				콜레스테롤	00mg	00%
	단백질	00g	00%	나트륨	00mg	00%
	* %영양소 기준치 : 1일 영양소 기준치에 대한 비율					

③ 병형

영 양 성 분 1회 제공량 00 (00g)ⓐ 총 00회 제공량(00g) ⓑ

1회 제공량당 함량ⓒ : 열량 000㎉, 탄수화물 00g(00%) 당류 00g, 단백질 00g(00%),
지방 00g(00%) 포화지방 00g(00%) 트랜스지방 00g,
콜레스테롤 00mg(00%), 나트륨 00mg(00%)
( )안의 수치는 1일 영양소 기준치에 대한 비율임 ⓓ

(2) 2회제공량 이상 또는 100g(ml)이상 포장된 식품 등으로 총 내용량의 영양성분 표시를 함께 하여야 하는 제품

2) 식품 등의 표시기준 개정

식품의약품안전처는 사회변화에 따른 합리적 개선이 이루어져 소비자들에게 보다 알기 쉽고 유용한 정보를 제공하기 위하여 영양소기준치 개정을 주요 내용으로 하는「식품 등의 표시기준」개정안을 2012년 11월 13일자로 행정예고 하였다. 영양소기준치는 식품 간 영양소를 쉽게 비교할 수 있도록 식품표시에서 사용하는 영양소의 평균적인 1일 섭취 기준량을 의미한다. 한국인 영양섭취기준을 개정한 이유는 과거에 영양소 결핍을 예방하기 위한 최소량 기준에서 체내 기능을 최적화하기 위한 충분한 기준으로 변경하기 위한 것이다. <표 4-1>에 의하면 단백질은 기존 60g에서 55g으로, 철분은 15mg에서 12mg, 아연은 12mg에서 8.5mg으로 하향 조정되었고, 탄수화물은 328g에서 330g으로, 엽산은 250μg에서 400μg, 마그네슘은 220mg에서 315mg으로 상향 조정되었다.

〈표 4-1〉 영양소 섭취 기준

영양소	현행	개정(안)	영양소	현행	개정(안)
탄수화물(g)	328	330	비타민B12(μg)	1.0	2.4
단백질(g)	60	55	요오드(μg)	75	150
지방(g)	50	51	마그네슘(mg)	220	315
철분(mg)	15	12	아연(mg)	12	8.5
비타민E (mgα -TE)	10	11	셀렌(μg)	50	55
비타민K(μg)	55	70	구리(mg)	1.5	0.8
비타민B1(mg)	1.0	1.2	망간(mg)	2.0	3.0
비타민B2(mg)	1.2	1.4	크롬(μg)	50	삭제
나이아신(mg NE)	13	15	몰리브덴(μg)	25	삭제
엽산(μg)	250	400			

그 밖에 1회 제공량당으로 표시하는 영양성분 표시 및 CODEX 기준과 조화를 이루기 위해, 식이섬유, 단백질 등의 무, 저 및 풍부 등 영양소의 함량 강조기준

에 1회 제공량당 기준을 추가로 설정하였다. 예를 들면 식이섬유에 대한 함유 또는 급원을 표시하고, 현재 식품 100g 당 식이섬유 3g 이상이거나, 100kcal 당 1.5g 이상에서 식품 1회 제공량당 식이섬유가 일일영양소기준치의 10% 이상 등이 추가되었다. 또한 알레르기 표시 대상 중 '아황산류' 표시는 인위적으로 첨가해 최종 제품에 기준(10mg/kg) 이상 잔류하는 경우 표시하도록 기준이 명확해진다. 다시 말하면 아황산류 알레르기 표시대상을 아황산류를 첨가하여 최종제품에 SO2로 10 ㎎/kg 이상 함유한 경우로 명확하게 하였다. 농식품부의 「친환경 농어업 육성 및 유기식품 등의 관리·지원에 관한 법률」 중 국가간 동등성 인정 조항이 2014년부터 시행됨에 따라 현행 '유기가공식품' 표시기준 유효기간도 2013년까지 재 연장되었다. 즉석판매제조·가공업의 영업행위가 확대되고 있는 사항을 반영하기 위하여 자신이 제조·가공한 식품을 진열·판매하는 경우에서 타사에서 제조한 완제품을 소비자가 원하는 만큼 덜어서 직접 최종 소비자에게 판매하는 경우로 확대되었고, 개별 표시 대신 진열상자나 표지판 표시할 수 있다.

한국소비자원은 배달 이유식이 즉석 조리식품이나 곡류 가공품, 냉동식품 등 다양한 유형으로 판매되면서 일반 영유아식과 달리 영양성분 표시 대상에서 빠져 있다고 2014년 2월에 밝혔다. 한국소비자원이 2011년 온라인 쇼핑몰에서 파는 영유아용 이유식과 어린이 반찬을 조사한 결과, 이유식 죽은 73%, 어린이 반찬은 54%가 즉석 조리식품으로 허가받았고, 일부는 아예 식품유형 표시가 없었다. 한국소비자원은 영유아용 식품이 영양표시 대상에서 빠지지 않도록 관련 규정을 개정하고, 알레르기 주의 표시를 하도록 권장할 필요가 있다고 주장했다(YTN 2014년 2월 21일).

3) 식품 등의 표시제도에 관한 자문협의체 운영 규정 제정

식품의약품안전처는 2013년 6월 4일에 식품등(농·임·축·수산물, 가공식품, 식품첨가물, 기구·용기·포장)의 표시에 관한 전반적인 개선사항 및 주요현안에 대하여 이해관계자(소비자단체, 학계, 업계, 협회 등)로부터 의견을 수렴하고 자문을 받기 위하여 식품의약품안전처 내에 표시제도에 관한 자문협의체를 설치하여 운영에 필요한 사항을 정하기 위하여 식품 등의 표시제도에 관한 자문협의체 운영 규정을 제정하였다. 이 자문협의체가 하는 역할은 다음과 같다.

① 식품 관련 표시제도의 합리적인 개선을 위하여 효율적이고 공정한 이해관계자들의 의견 수렴 및 자문 과정이 필요함
② 이해관계자의 의견 수렴 및 자문을 받기 위하여 식품관련 표시제도 자문협의체를 설치하고 그 운영에 필요한 사항을 정함
③ 자문협의체를 통하여 합리적인 표시기준 개정 및 상호 협력을 통한 표시기준 마련으로 소비자, 기업의 불만 해소 기대

4) 외식업체의 영양표시

식품의약품안전처는 어린이의 잘못된 식습관으로 만성질환이 증가하고 있고, 식중독이 발생하는 등 식품안전에 대한 불안감이 커짐에 따라 2007년을 '어린이 먹거리 안전의 해'로 지정하였다. 먹거리 종합 대책의 일환으로 영양정보를 소비자에게 전달하여 소비자들이 이를 근거로 합리적인 선택을 할 수 있도록 하기 위하여 패스트푸드 및 외식업체를 대상으로 영양표시제도를 시범적으로 적용하기 시작하였다. 이 시책은 영양표시 의무화를 통하여 나트륨, 트랜스지방, 당에 대한 관리를 강화하고, 지방에서 유래한 열량섭취의 증가, 식이섬유의 섭취량 감소에 따른 국민 건강을 돕기 위한 것이다. <그림 4-1>에는 외식업체의 영양표시 서식 도안이 제시되어 있다.

영 양 성 분

1회 제공량 00 (00 g)ⓐ　　총 oo 회 제공량(00 g)ⓑ

1회 제공량당 함량ⓒ		* %영양소 기준치ⓓ	총 포장단위당 함량ⓔ	* %영양소 기준치ⓕ
열량	000kcal		000kcal	
탄수화물	00g	00%	00g	00%
당류	00g		00g	
단백질	00g	00%	00g	00%
지방	00g	00%	00g	00%
포화지방	00g	00%	00g	00%
트랜스지방	00g		00g	
콜레스테롤	00mg	00%	00mg	00%
나트륨	00mg	00%	00mg	00%

* %영양소 기준치 : 1일 영양소 기준치에 대한 비율

〈그림 4-1〉 영양성분 표시 서식 도안

식품의약품안전처는 2007년부터 산업체와 학계등으로 구성된 외식업체 영양표시 위원회를 운영하여 어린이 식생활안전관리 특별법의 내용과 규칙을 구체적으로 논의하였다. 이러한 노력의 일환으로 2008년 1월부터 패스트푸드점, 7월에는 피자와 커피전문점, 11월에는 도넛과 제빵, 치킨업체가 자율적으로 영양성분표시를 시범적으로 실시하였다. 이 시범사업은 업체가 자율적으로 홈페이지 및 매장에서 열량 등 영양정보를 제공하여 소비자가 제품을 구매할 때 사전에 영양정보를 확인 할 수 있도록 하고 있다. 시범사업에 참여한 업체들은 주요 상권에 입점하고 있는 매장의 메뉴보드, 카운터 앞 메뉴판, 외부 홍보물, POS화면과 자사 홈페이지 등에 중량 및 열량, 탄수화물, 단백질, 지방, 나트륨, 트랜스지방 등의 영양소를 표시하였다(식품의약품안전처 보도자료 2008).

보건복지가족부는 2008년 11월에 어린이 식생활 안전관리 특별법과 시행령, 시행규칙을 제정함에 따라 2010년 1월 1일부터 외식업체가 영양표시를 하도록 하였다. 이 법률 제 11조는 식품위생법 제 21조 제1항 제3호에 따른 식품접객영업자 중 주로 어린이 기호식품을 조리·판매하는 업소로서 대통령령으로 정하는 영업자가 조리 · 판매하는 식품은 영양성분을 표시하도록 규정하고 있다. 그리고 식품의약품안전처장은 영양성분 표시를 위한 표시기준 및 방법 등을 정하여 고시하여야 한다. 이에 따라 점포수가 100개 이상인 외식업체에서의 영양표시가 2010년 1월부터 의무화되었다.

2008년 7월에 커피전문점, 2010년 3월에 고속도로 휴게소, 2010년 12월에 패밀리레스토랑, 2012년 5월에 놀이동산 음식점, 2013년 5월에 대형 영화관 등이 자율 영양표시를 하고 있다. 어린이들이 즐겨 찾는 국내 5개 대형 놀이시설 내 음식점에 자율 영양표시를 실시한다고 밝혔다. 자율 영양표시에 참여하는 놀이시설은 롯데월드, 삼성에버랜드, 서울대공원, 서울랜드, 어린이대공원으로 판매되는 모든 음식에 영양성분 함량을 제공하게 된다. 자율 영양표시 대상 영양성분은 의무 영양표시 기준과 동일하게 열량, 당류, 포화지방, 나트륨, 단백질 등 5개 영양소이다. 영양표시 방법은 음식 판매 매장 특성에 따라 메뉴판, 메뉴보드, 포스터 등을 이용해 다양하게 할 수 있다. 모든 영양성분을 자세하게 표시하기 어려운 메뉴판의 경우 1회 제공량과 해당 열량만을 표시하고, 리플릿이나 포스터 등을 이용해 5가지 영양성분을 자세하게 기재한다. <그림 4-2>와 <표 4-2>에 영양성분 표시 예가 제시되어 있다.

〈표 4-2〉 영양성분표

영양 메뉴	1회 제공량	열량 (kcal)	1회 제공량 당 함량(% 영양소 기준치)				
			탄수화물(g)	당류 (g)	단백질(g)	포화지방(g)	나트륨(g)
쇠고기국밥	530g	378	60.1(16%)	0.0	17.5(29%)	20.6 (137%)	1401.8 (70%)
카레라이스	580g	1128	329.9 (101%)	0.0	32.7(55%)	1.8(12%)	1262.3 (63%)
돈가스	1개	492	18.2(6%)	0.0	11.5(19%)	19.2(128%)	30.8(2%)
설렁탕	558g	627	201.6(61%)	0.9	19.7(33%)	12.3(82%)	834.4(42%)
제육김치덮밥	520g	2120	287.6(88%)	44.7	151.6 (253%)	62.9(419%)	3324.0 (166%)
돈가스 양념 치킨 (돈가스+양념치킨)	1개씩	635	31.2(10%)	30.	17.4(29%)	7.0(47%)	541.5(27%)
허브참치	235g	670	30.6(9%)	0.0	10.4(17%)	0.7(5%)	1730.7(87%)
비엔나소시지	175g	402	25.0(8%)	17.6	14.2(24%)	0.3(2%)	1416.2(71%)
감자튀김	60g	290	12.1(4%)	0.0	1.2(2%)	3.8(25%)	24.9(1%)
버섯불고기잡채	275g	406	69.3(21%)	1.9	6.4(11%)	1.4(9%)	349.5(17%)
탕수육	300g	1102	179.1(55%)	41.3	22.3(37%)	14.7(96%)	583.1(29%)
매콤닭강정	242g	1049	49.7(15%)	18.4	29.2(49%)	14.9(96%)	950.7(48%)
계란말이	150g	293	2.9(1%)	2.6	19.6(33%)	5.5(37%)	640.3(32%)
떡갈비바	80g	221	6.5(2%)	6.3	14.5(24%)	5.8(39%)	535.0(27%)
접시 제공용 밥	130g	108	64.0(20%)	0.0	2.0(3%)	0.1(0%)	0.0(0%)
공기밥	230g	299	176.6(54%)	0.0	5.5(9%)	0.1(1%)	8.1(0%)
비빔밥용 공기밥	260g	299	176.6(54%)	0.0	5.5(9%)	0.1(1%)	9.1(0%)
야채믹스	40g	112	50.8(15%)	1.3	4.0(7%)	0.0(0%)	21.8(1%)
배추된장국	120g	18	2.5(1%)	0.0	1.4(2%)	0.0(0%)	93.5(5%)
야채믹스 +방울토마토	55g	114	51.2(16%)	1.8	4.2(7%)	0.0(0%)	22.7(1%)
치킨 샐러드	112g	367	29.3(9%)	2.2	13.1(22%)	1.2(8%)	915.0(46%)
후르츠 콘샐러드	40g	43	9.6(3%)	3.6	0.9(1%)	0.0(0%)	91.5(5%)
석박지	50g	59	12.1(4%)	0.0	2.9(5%)	0.0(0%)	1072.8(54%)
김치	50g	9	2.0(1%)	1.3	1.0(2%)	0.0(0%)	573.0(29%)
계절 과일콤보	262g	51	3.3(1%)	49.8	1.1(2%)	0.0(0%)	10.4(1%)
파인애플바	267g	61	0.0(0%)	31.0	1.1(2%)	0.0(0%)	13.4(1%)

※ 출처 : 식품의약품안전처

〈그림 4-2〉 외식업체의 영양성분 표시의 예

2013년 6월부터 백화점과 대형마트 내 푸드코트에서 소비자가 자신에게 맞는 식단을 선택할 수 있도록 하는 자율 영양표시제를 실시하게 되었다. 자율 영양표시제를 실시하는 백화점과 대형마트의 푸드코트에서는 소비자가 쉽게 볼 수 있는 위치에 식단의 열량, 당류, 단백질, 나트륨, 포화지방 등의 함량을 표시한다. 푸드코트 영양표시에는 롯데 · 현대 · 신세계 · 갤러리아 백화점과 농협유통, 롯데마트, 이마트 등 대형마트가 참여하였다(울산매일 2013년 6월 20일).

경기도 군포시는 2013년 4월 음식의 열량, 나트륨 함유량, 지방과 단백질 비율 등을 고객에게 공개함으로써 고객 스스로 건강에 좋은 식단을 선택해 소비할 수 있도록 하는 영양표시 음식점 지정 사업을 시작했다. 시행 첫해 군포지역 모범음식점 중 25개소가 자발적으로 참여했고 2014년에는 사업효과를 확인한 25개 음식점이 추가로 영양표시사업에 동참했다. 군포시는 영양표시사업이 활성화될 수 있도록 참여 음식점 상호 및 위치, 각 음식점의 판매 음식과 영양성분 등의 정보를 시민이 쉽게 찾아 볼 수 있도록 모바일 홈페이지(m.welltizen.com/gunpo)를 구축해 운영하고 있다(경기일보 2014년 5월 13일).

5) 가공제품에 대한 영양표시 확대

식품의약품안전처는 소비자의 선택권을 높이기 위해 가공제품 등에 대한 영양성분 표시를 확대해 나가기로 했다고 2013년 6월 16일에 밝혔다. 2012년 10월에 한국소비자원이 대형할인점에서 팔리는 18개 가정용 고추장을 분석한 결과를 보면, 전체 고추장 제품에서 당류가 차지하는 비중이 평균 27%에 달했다. 고추장

제조 때 첨가된 당은 물엿, 조청, 정백당 등이었다. 당분은 과잉 섭취하면 당뇨병, 비만, 충치 등 질병 발생의 우려를 낳을 수 있다. 그럼에도, 대부분 고추장은 당류 함량을 표기하지 않고 있었다. 당분뿐 아니라 조사 대상 고추장의 나트륨 함량도 고추장 100g 당 평균 2천436㎎에 달했다. 성인 기준 하루 나트륨 권장량이 2천㎎이다. 당분과 마찬가지로 나트륨 함량도 대부분 표기하지 않았다.

고추장, 간장, 된장 등 장류에도 영양성분을 의무적으로 표시하는 방안을 시행하기 위하여 식약처는 먼저 장류에 대한 영양표시를 법제화하기로 하고 장류협회, 소비자 단체 등의 의견을 수렴해 관련 법안 개정에 나섰다. 현재 영양성분은 면류, 음료류 등 11개 가공식품에만 표시하고 있기 때문에 염분이 많은 장류에 나트륨량 등을 표시할 수 있도록 식품위생법 시행규칙 개정작업을 벌이고 있다. 식품 당국이 장류에 대한 영양표시를 의무화하기로 한 것은 우리나라 국민이 가장 많이 쓰는 음식재료인데도 장류에 들어 있는 영양성분에 대한 기본 정보가 턱없이 부족하다는 소비자들의 비판을 받아들인 것이다.

2013년 3월에 서울YMCA 시민중계실이 CJ제일제당의 스팸, 대상의 우리팜 델리, 동원F&B의 리챔, 롯데푸드의 로스팜, 팜스코의 3% 날씬한 햄 등 5개의 캔햄 제품에 대해 식품 표시기준에 적합한 영양성분 표시와 원산지 표시 유무를 조사한 결과 우리팜 델리와 3% 날씬한 햄만이 영양성분을 표시기준에 맞게 제품에 표시하고 있었다. 영양성분을 표시하고 있지 않은 로스팜의 겉면에는 '식품첨가물 7가지 무 첨가', '나트륨과 지방을 줄인' 등의 표시만 돼있었고, 리챔의 겉면에도 '짜지 않고 맛좋은' 이라는 표현만 있을 뿐 소비자가 직접 수치를 확인할 수 없다. 특히 스팸의 경우 미국에서 판매되는 제품은 홈페이지와 제품 겉면에 영양성분을 표시 하고 있으나 국내제품에는 이를 전혀 표시하지 않은 것으로 드러났다(현대경제신문 2014년 3월 17일).

과도한 당류 섭취가 당뇨병이나 심혈관계질환 등 성인병 발생 위험을 높이는 사실이 알려지며 식약처는 2012년부터 '당류 섭취 줄이기 캠페인'을 실시해 커피전문점 등 22개 업체를 대상으로 당류 등 영양성분 표시를 확대하였다. 우리 국민의 하루 평균 당류 섭취량은 61.4g으로 이는 세계보건기구의 권장 섭취량인 50g을 상회하기 때문이다. 커피믹스 제품의 열량은 브랜드별로 조금씩 차이가 있지만 평균적으로 한 스틱 당 50kcal 수준이다. 일반 성인이 하루에 커피를 3~4잔

정도 마신다면 150~200kcal를 섭취하는 것으로, 식빵 4조각(90g)을 매일 먹는 것과 같다.

커피믹스 생산업체인 동서식품, 남양유업 등이 해외 수출용과 달리 내수용 제품에는 칼로리 등 영양성분 표시를 하지 않고 있고, 해당 기업 홈페이지의 제품 설명란에도 관련 정보를 찾아 볼 수 없다. 특히 30세 이상 성인의 경우 음료류 가운데 커피를 통해 가장 많은 당류를 섭취하고(43.3~53.9%) 있어, 시중 커피믹스 제품의 영양성분 표기가 시급한 실정이다.

국내에서 커피믹스를 비롯한 커피류는 음료류와 별도로 분류돼 영양성분 의무 표시 대상이 아니지만 동서식품과 남양유업은 미국과 일본, 중국 등 해외로 수출하는 커피믹스 제품에는 해당 국가의 규제에 따라 영양성분 및 함량을 별도로 표시하고 있다. 식약처 관계자는 "제도가 도입된 이후 영양성분 표시 대상 제품을 지속적으로 확대해 왔다"며 "상황을 고려해 관련 부서에서 타당성을 검토할 것"이라고 말했다(세계일보 2014년 5월 21일).

2. 외국의 영양표시제도

1) 미국의 영양표시제도

미국에서는 1990년부터 영양표시 및 영양교육법(the Nutrition Labeling and Education Act)이 시행되고 있고, 이 법이 시행된 이후 소비자가 가공식품의 영양정보를 활용하는 비율이 증가하였다. 현재는 소비자의 알권리를 충족시키고, 칼로리 카운트 환경을 확대시켜 미국 소비자들의 비만을 예방하기 위하여 20개 이상의 체인점을 운영하는 레스토랑이 주요 영양정보를 제공하도록 한 메뉴교육 및 표시법(the Menu Education and Labeling Act)을 제정하는 것을 추진하고 있다(권광일 외, 2010).

미국 연방정부는 외식업체 영양표시를 식품, 의약품 및 화장품법(Federal food, drug, and cosmetic act)의 code of federal regulation 21편 101, 10조에 근거하여 관리하고 있다. 본 조항에 따르면, 영양소함량 표시, 건강강조 표시가 되어 있는 식품 또는 식사에 대한 영양표시 제공을 권장하며, 데이터베이스, 요리책, 분석 또는 다른 믿을만한 출처를 이용하여 결정된 영양소 함량을 다양한 형태로 표시하게 하고 있다. 이에 FDA는 2008년 4월에 레스토랑 및 외식업체들을 위한 영양표시 가이드(A labeling guide for restaurants and other retail establishments selling away-from home food)를 발간하여, 음식점에서 판매되는 식품 또는 식사의 영양표시와 관련된 질문과 FDA의 의견을 제시하였다. FDA는 외식업체별로 재료나 조리방법에 따라 영양성분이 다르다는 점을 감안하여 외식업체에게 모든 영양표시를 요구하지 않았을 뿐 아니라, 사업자의 자율성을 많이 보장해주고 있다. 또한 소비자에게 도움이 될 수 있는 모든 영양 정보를 가급적 많이 제공할 것을 장려하고 있고, 영양표시는 제품 포장이나 소비자가 구매한 식품에 근거하여 제공하도록 하되, 소비자에게 정보전달할 때 이용되는 매체 및 형식도 제한하지 않고 있다.

미국에서는 카운티 혹은 주 단위로 음식점에 영양정보를 요구하는 활동들이 많이 진행 되어 왔다. 주요 내용을 살펴보면, 아널드 슈워재너거 캘리포니아 주지사는 2008년 9월 30일, 열량 의무 표시제 법안(Senate Bill No. 1420)에 서명함으로써, 캘리포니아는 외식에 영양표시를 의무화한 전국 최초의 주가 되었다. 이에 따르면 주내 20개 이상의 지점을 갖고 있는 식당 체인점들은 2009년 7월 1일부터 열량, 탄수화물, 지방, 나트륨 등 영양정보를 제공하여야 하며, 2011년부터는 식당에 있는 모든 메뉴판에 각 음식의 열량 양을 표기해야 한다. 뉴욕시는 건강법(New York city health code : 81.50조)에 따라 2008년 4월부터 전국적으로 15개 이상의 매장을 가진 업체일 경우 해당 매장에서 표준화된 품목의 메뉴와 메뉴판에 열량을 가격 옆에 같은 크기로 표시하여야 한다. 킹카운티 보건국은 워싱턴 외식협회가 합의하여, 2008년 12월 31일부터 15개이상 그리고 연매출액이 백만달러 이상의 매장에게 메뉴 중 90일 넘게 판매되는 식사에 대한 열량, 탄수화물, 포화지방, 나트륨 함량 정보를 의무적으로 표시하도록 하였다(Nutrition Labeling in Chain Restaurants 2008). 현재까지 법률이 통과된 미국 카운티와 주 정보의 외식업체 영양표시 내용과 표시 위치는 아래 <표 4-3>에 자세히 제시되어 있다.

〈표 4-3〉 미국 외식업체 영양표시의 내용과 위치

지역	표시내용	표시 위치
King County (Seattle), Washington	열량, 포화지방, 나트륨, 탄수화물	• 메뉴보드 : 열량 • 그 외 영양성분은 주문시점에 분명히 보이는 형식으로 제공되어야 함
New York City	열량	메뉴보드, 메뉴, food tags : 열량
San Francisco City and County	열량, 포화지방, 탄수화물, 나트륨, 단백질, 섬유소, 콜레스테롤, 탄수화물	• 메뉴보드, food tags:열량 • 메뉴 : 열량, 포화지방, 탄수화물, 나트륨 • 포스터 : 열량, 총지방, 포화지방, 나트륨, 단백질, 식이섬유, 콜레스테롤, 탄수화물
Santa Clara County, CA	열량, 포화지방, 트랜스지방, 나트륨, 나트륨	• 메뉴보드, food tags:열량 • 메뉴 : 열량, 포화지방, 트랜스지방, 탄수화물, 나트륨 • 메뉴보드와 food tags를 사용하는 업소 : 열량 외 영양소가 주문시점에 제공되어야 함
Philadelphia	열량, 포화지방, 트랜스지방, 나트륨, 탄수화물	• 메뉴보드, food tags:열량 • 메뉴 : 열량, 포화지방, 트랜스지방, 탄수화물, 나트륨
California	열량, 탄수화물, 포화지방, 나트륨	• 메뉴보드, 메뉴, display tag : 열량 표시

※ 출처 : 전상민 외(2009)

미국은 지속적으로 외식업체 영양표시에 대한 연구를 수행하고 있다. FDA의 의뢰를 받아 진행된 Keystone포럼(2006)에서는 외식업체 영양표시는 원하는 소비자 누구든지 쉽게 찾을 수 있는 위치에 있어야 하지만, 외식업체 영양표시를 원하지 않는 소비자에게는 부담이 되지 않아야 한다는 권고를 하고 있다. 또한, 소비자와의 쌍방향 커뮤니케이션이 중요하다고 제안하고 있는데, FDA의 외식업체 안내문에서도 외식업체의 영양표시는 직원의 설명을 포함하여 어떤 식으로든 합리적인 방법으로 제공되면 되고, 직원이 말한 정보가 사실임을 증명 할 수 있는 영양 정보가 문서로 존재하여야 한다고 규정하고 있다. 이와 함께 소비자 교육을 장기적이고 체계적으로 진행할 것을 권장하고, 소비자 집단 별 특성을 고려한 차별화된 소비자 교육과 정책 수립을 제안하였다. 또한, 소비자 행동과 태도 등에 대한 일관되고 지속적인 조사를 바탕으로 한 데이터 축적이 선행되어야 함을 강조하고 있다. 특히, 데이터 접근은 신속하게 이루어져야 하고, 시기적절하고 지속적으로 데이터가 업데이트 되어야 하며, 이를 외식업체가 쉽게 구매할 수 있고 일반 소비자들도 이용할 수 있도록 공개되어야 한다고 제안하고 있다. Keystone 보고서(2006)는 건강 메뉴 개발에 대한 외식업체의 부담이 오히려 외식업체에게 새로운 기회가 될 수 있다고 설명하고, 궁극적으로 외식업체의 생산자, 제조업자, 유통업자, 운영업자간의 시너지효과를 강조하였다. 소비자 교육 뿐 아니라, 외식업체 교육도 중요하게 고려되었는데, 요리사, 업체운영자, 관리자를 대상으로 한 건강 메뉴의 개발 교육이 이루어져야 하고 이에 대한 적극적인 정부 지원이 있어야 한다고 제안하고 있다. 구체적인 교육 내용으로는 저열량 메뉴 개발, 건강 메뉴이면서도 맛을 유지하는 방법이 제시되었다.

Lando와 Wolfe(2007)는 FDA에 제출한 보고서에서 포커스크룹인터뷰 결과를 바탕으로 1회 제공되는 제품 분량에 맞는 영양표시를 제안하고 있다. 특히 1/2사이즈의 메뉴의 경우, 전체 사이즈의 영양표시와는 별도로 1/2사이즈에 해당하는 영양표시를 할 것을 제안하였다. 이는 소비자가 전체 사이즈의 영양표시를 활용하여 계산하는 과정을 번거로워 하기 때문이다. 이와 관련하여 FDA(2008)의 외식업체 안내문에서는 영양표시는 소비자가 구매하는 한 끼 분량의 완성된 제품의 영양 내용물에 근거하여 제공되어야 한다고 규정하고 있다(전상민 외, 2009).

미국의 경우도 외식업체의 영양성분을 정확하게 측정할 수 있는 표준화된 시스템이 전혀 갖춰져 있지 못한 점이 문제점으로 지적되었다. 같은 메뉴 품목이라도 레서피는 메뉴개발자에 따라 매우 다르다. 예를 들어 파스타의 경우, 면의 종류만 해도 수십가지가 넘고 어떻게 소스를 배합하느냐에 따라 칼로리는 천차만별이다. 뿐만 아니라 가니쉬(Garnish)의 종류만도 너무나 다양해 정확한 칼로리를 산출하는 것만으로도 참으로 방대한 작업이 될 수 있다. 또한 식재료의 성분뿐만 아니라 찌고, 튀기고, 굽는 등 조리법에 따라 칼로리는 매우 상이하다. 보통 레스토랑에서는 1년에 1회 정도의 정기메뉴개편이 있고 분기마다 계절메뉴를 출시하는 등 활발하게 프로모션 메뉴를 개발하고 있는데, 메뉴 기획을 하고 개발할 때마다 영양표기를 위해 칼로리를 산출하는 것이 부담을 야기하기 때문이다. 또한 표준 레서피가 명확하게 작성되어있다 할지라도 일부 프랜차이징 사업을 하고 있는 레스토랑의 경우, 레서피가 잘 지켜지지 않는 경우도 있다(김혜영, 2011).

2) 일본의 영양표시제도

일본의 토쿄는 전국의 자치 단체 중에서도 음식점의 수 및 종류가 많아 일본 요리뿐만 아니라 세계 각국의 맛을 즐길 수 있다. 또한 도시형의 생활 습관에 대응하고, 심야까지 혹은 24시간 영업을 하고 있는 음식점도 있다. 특히 동경도민의 외식 이용률은 전국에 비해 높고, 영양 편중 등으로 비만과 생활 습관병이 되는 사람이 증가가 우려되고 있어 외식의 영양성분 표시를 도입하였다(김혜영, 2011). 동경도는 2001년에 건강증진운동을 종합적으로 추진하기 위한 지침으로서 '동경도 건강 추진 플랜 21'을 마련하여 영양성분 표시를 실시하는 점포를 늘리는 것을 목표로 하고 있다.

2002년 7월에 도민의 건전한 식환경 정비를 위하여 외식산업 등 관계 단체, 소비자 단체, 지식인, 행정기관으로 구성된 '영양성분 표시 추진 협의회'가 발족되었고, 협의회는 음식점의 자주적인 영양성분 표시의 추진을 꾀하기 위하여 2003년 3월에 '동경도 외식 요리 영양성분 표시 가이드라인'을 책정해 협의회 참가단체의 협력 하에 음식점 사업자에 가이드라인을 보급하고, 도쿄 외식 조리 영양성분 표시 활용 사이트를 마련하였다. 한편 동경은 일본어와 영어로 '외식요리 영양성분표시 가이드북'을 개발하였는데, '열량 및 영양성분의 양'을 메뉴 등에 표시를 하거나 이용자의 요구에 응해 팜플렛 등을 통해 제시하도록 하였다. 외식요리라 함은 외식과 부식(도시락, 주먹밥, 삶은 음식 등의 시판되는 조리 완료 식품)을 통칭하며, 영양표시는 외식과 부식에 대하여 시행된다.

'외식요리 영양성분표시 가이드북(2005)'에서는 영양성분 표시를 '열량 및 영양성분의 양을 메뉴 등에 표시하거나 이용자의 요구에 응해 팜플렛 등을 통해 제시 가능한 것'으로 정의하였다. 외식요리라 함은 외식과 부식(도시락, 주먹밥, 삶은 음식 등의 시판되는 조리 완료 식품)을 통칭하며, 영양표시는 외식과 부식에 대하여 시행된다.

동경의 외식업체 영양성분 표시 지침은 <표 4-4>와 같다. 일본 식품표준성분표에 수록되어 있는 열량 및 영양성분을 표시하도록 하고 있으며, 그 중에서도 표시요구가 높은 영양성분인 열량, 나트륨, 지방등을 표시하도록 하고 있다. 일본 식품표준성분표에서 사용되는 단위를 영양표시에도 그대로 사용하며, 지방의 경우는 지방 에너지 비율(섭취 에너지 중 지방이 차지하는 비율)을 병기하는 것을 권고하고 있다. 영양가는 화학분석을 통해 산출해도 되지만 업체의 자율적인 영양표시를 권장하는 차원에서 원재료의 가식부의 양을 기초로 하여 1인분의 양에 대해 일본식품표준성분표에 의거하여 계산하는 방법을 소개하고 있다.

이들 영양성분 중, 열량은 Kcal로 표시하고 정수(1자리에서 반올림)로 표시하며, 단백질과 지방, 탄수화물은 g으로 표시하고 정수로 표기한다. 나트륨은 g으로 표시하고 소수점이하 첫째자리까지 표기하지만, 일본 식품 표준 성분표의 각 성분과 같은 표시의 자릿수를 사용해도 관계없다. 단, 메뉴에 사용된 각 재료에서 산출된 영양소 함량은 표시할 때의 자릿수보다 1단계 작은 자릿수로 반올림한다(동경도 복지보건 영양성분 표시 추진 위원회 2005).

〈표 4-4〉 동경도의 외식영양표시

外食營養成分表示
이용 빈도가 높은 메뉴에서, 가능하면 모든 메뉴에 표시를! 1. 영양 성분 표시의 정의 에너지와 영양 성분의 양을 메뉴 등에 표시 또는 이용자의 요구에 따라 팜플렛 등을 통해 제공할 수 있는 것을 명시한다. 2. 표시 대상 영양소 일본 식품 표준 성분표에 기재되어있는 에너지와 영양 그러나 명칭은 일반적으로 사용되는 별명을 이용해도 좋은 전시 요청이 많은 영양 성분, 예를 들어 에너지, 소금, 지방질 표시 3. 표시하는 데 사용하는 단위 일본 식품 표준 성분표에 사용되는 단위를 사용하는 지방은 지방 에너지 비율을 병기하는 것이 바람직 4. 영양가의 산정 방법 화학 분석 또는 원재료의 식품 허용 식품 분량을 바탕으로 1인분, 1인분의 양에 대해 일본 식품 표준 성분표에 의해 계산 5. 표시 방법 보기 쉬운 곳에 최대한 알기 쉽게 표시 6. 정확한 표시 표시를 하는 사람의 책임 정확하게 표시 외식 조리는 외식과 반찬(도시락, 김밥, 조림 등의 상용 조리 식품)를 포함

※ 출처 : 김혜영(2011)

고객이 영양성분 표시를 활용하기 위해서는, 영양성분량을 보기 쉬운 방법으로 표시해야 할 필요가 있으므로 일반적인 표시 방법을 제시하고 있다. 이를 구체적으로 살펴보면, 매장 안에서는 메뉴보드와 매장 앞에 진열된 제품 샘플, 포스터, 전단, 포장지 등을 통해 표시하는 방법을 제시하고 있다. 다음으로, 고객의 요청에 의해 제시할 경우에는 매장 내에 영양성분을 제시한다는 내용을 항상 표시해두고 팜플렛이나 전단을 준비할 것을 권장하고 있으며, 홈페이지에 게재함과 동시에 출력물을 매장 내에 준비하는 방법을 소개하고 있다.

일본은 외식업체 매장 내 영양성분 표시와 아울러 고객의 건강한 식이 선택에 도움이 되는 정보를 제공하는 것 또한 권장한다. 예를 들면, 1일의 섭취 기준량을 제시하여 영양소 함량과 성별 · 연령별 1일에 섭취해야 하는 영양량(식사 섭취 기준)을 함께 표시함으로써, 소비자들이 영양성분 표시를 쉽게 활용할 수 있도록 한다. 또한 균형 잡힌 식사를 선택하는 기준으로서, 주식(밥, 빵, 면, 파스타 등), 주채(고기, 생선, 계란, 대두 제품 등), 부채(야채, 감자 등)을 고루 갖춘 요리의 조합 예를 제시한다. 또한 개인 스스로 영양량의 조절하는 방법으로 '국물을 마시지 않으면 나트륨을 줄일 수 있습니다.'와 같이 정보를 제공하는 문구를 표시하도록 하고 있다(동경도 복지보건 영양성분표시 추진위원회 2005)(전상민 외, 2009).

일본은 2002년에 국가 건강 증진 정책의 일환으로 신체, 정서, 사회적으로 이상적인 식사를 통해 건강 뿐 아니라 삶의 질을 향상시키기 위하여 Heathy Japan 21을 제정하였다. 기본방침은 다음과 같다. 현재는 소금 섭취량과 목표 섭취량(target value)을 설정하여 영양상태 개선 및 행동 변화를 이끌고 있다.

① 건강을 증진하여 질병발생을 예방하고('1차 예방'으로 정책중점 전환),
② 개인의 주체적인 실천을 지원하는 환경 조성
③ 건강증진의 구체적 목표 설정 및 정책 평가
④ 보험자, 기업, 의료기관, 대중매체, 비영리단체 등 협력 및 활성화로 적극적 사회 환경구축

구체적인 추진전략은 다음과 같다.

① 다양한 경로를 이용한 홍보

후생노동성의 홍보는 생활습관병 예방주간 행사, 세미나 및 심포지엄 후원, 정부홍보활용, 포스터/리플렛 및 비디오 개발, 건강일본21 상징마크의 작성과 보급, 인터넷 정보제공(www.kenkounippon21.gr.jp)

② 사업추진체제 정비 및 지방계획지원

③ 각종 보건지도의 효율적이고 일관성 있는 추진

④ 과학적인 근거에 따른 사업 추진

목표는 다음과 같다.

① 국가 영양 조사를 통해 권장 섭취량의 적용.

② 식사 지침과 "Japan Food Guide Spinning Top"의 근거로 사용.

③ 식사 교육 증진을 목적으로 한 "Basic Plan for Promotion of Shokuiku"의 정립.

④ 관련 직원(영양사와 자원봉사자)의 human resources의 발전을 위함.

단계별 목표는 다음과 같다.

① 1단계 : 영양상태와 영양소 섭취 수준

② 2단계 : 영양지식, 태도, 행동수준

③ 3단계 : 환경 수준(Environment level)

3) 영국의 신호등표시제

영국정부는 섭취를 줄여야 하는 영양소가 많은 제품을 무조건 선택하지 않는 것보다 전체적인 식사의 균형을 고려하는 것이 더 중요하다고 교육 · 홍보함으로써 소비자의 건강한 선택을 위해 정부가 정책적으로 지원하고 있다. 영국 FSA(영국 식품기준청, Food Standards Agency)의 신호등표시는 주요 영양성분을 한번에 알 수 있게 별도로 앞면에 표시하도록 하는 제도로 자율적으로 실시하게 되어 있다. 건강한 식생활을 위해 지방(특히 포화지방), 나트륨 및 첨가당을 낮추어야 하며, 이를 한 번에 알 수 있도록 식품 100g당 또는 portion 당 함량 수준을 신호등 색깔로 제품 앞면에 자율적으로 표시하게 되어 있다. 대형 식품 제조사 및 대다수의 소매업체들이 동 프로그램에 동참하고 있는데, 식품회사별로 각각 다른 디자인을 사용하고 있지만 이외 색깔의 명도나 채도, 글자 크기 등은 일관된 원칙을 적용하고 있다. <그림 4-3>에는 신호등표시의 예와 실제 적용한 사례가 제시되어 있다.

독일 소비자센터 연방연합은 영국에서 도입한 통일된 식품표시의 자율시행제도를 독일도 따를 것을 촉구했다. 소비자센터 연방연합에 따르면 수년전부터 독일에서 신호등 표시제를 도입할 것을 주장하고 있지만 유통업계 및 식품 제조사들이 이와 같은 표시제도를 거부하고 있다. 소비자센터 연방연합은 영국에서 유통업계와 제조사들이 같이 신호등 표시에 참여한다는 것은 독일에서 소비자 친화적 영양표시제 도입을 거부하는 것이 얼마가지 못한다는 것을 보여주고 있다고 주장하며 독일에서도 책임감을 발휘하여 선도적인 역할을 할 것을 촉구하고 있다(푸드투데이 2013년 6월 21일). 프랑스는 기업이 자율적으로 다양한 형태의 영양표시를 하도록 시도하고 있고, 유럽연합 또한 소비자의 알 권리를 충족시키고, 제품으로부터 소비자를 보호하고 공정한 무역거래를 위하여 영양표시제도를 시행하고 있다(권광일외, 2010).

3. 어린이를 위한 영양표시제도

1) 어린이 기호식품 품질인증 기준

식품의약품안전처는 어린이 식생활안전관리 특별법에 따라 어린이 기호식품 품질인증기준과 어린이 건강친화기업 지정기준을 고시하여 2009년 5월 8일부터 시행하고 있다. 이 시책에 따라 소비자는 어린이의 비만을 예방할 수 있고 영양을 고루 갖춘 어린이 기호식품을 쉽게 구별할 수 있게 되었다. 어린이 기호식품 품질인증기준은 안전하고 영양을 고루 갖춘 어린이 기호식품의 생산과 판매를 권장하기 위하여 마련한 기준으로서, 안전, 영양, 식품첨가물 사용 등을 평가하여 인증하게 되고, 품질인증을 받은 식품에는 인증마크가 표시되어 소비자가 쉽게 구별할 수 있다. <그림 4-4>에는 어린이 기호식품 품질인증 도안이 제시되어 있다.

〈지침서의 신호등표시 예〉

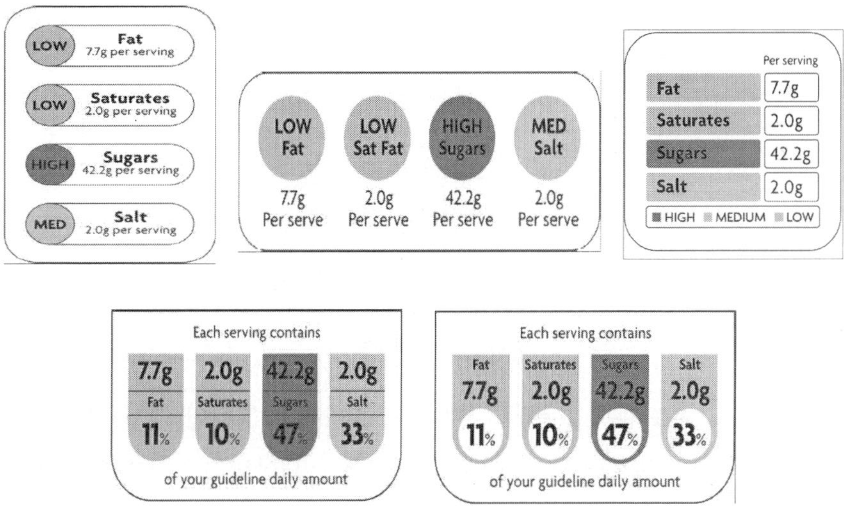

〈실제 적용한 사례〉

Asada – 유통업체

Avondale Foods – 생산업체

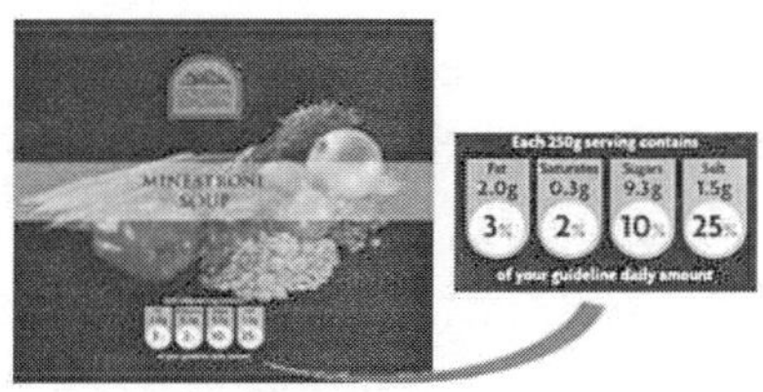

Boots – 유통업체

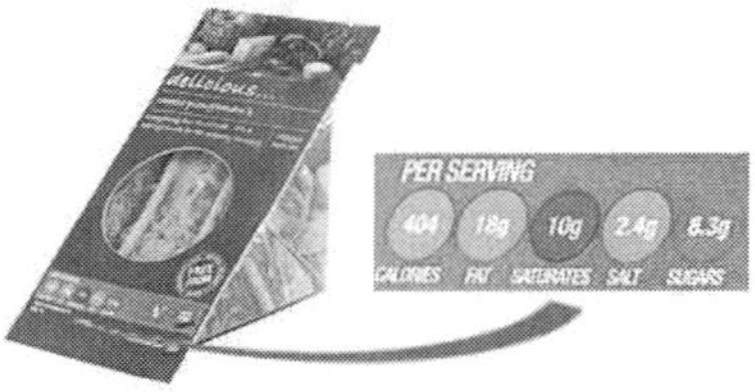

Yo!Sushi – 레스토랑

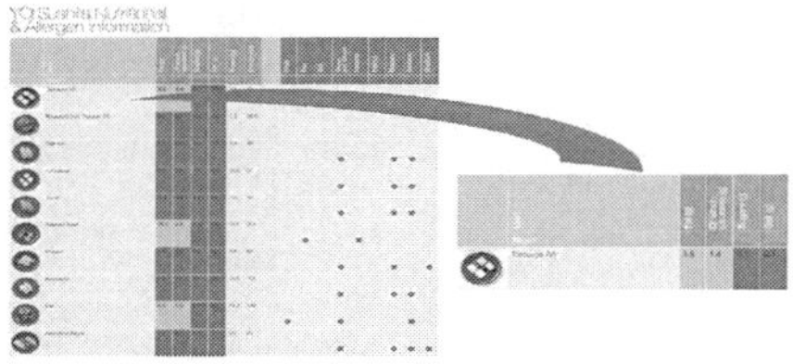

※ 출처 : 식약처 보도자료

〈그림 4-3〉 영국 신호등표시의 예

〈그림 4-4〉 어린이 기호식품 품질인증 도안

식품접객업 중 어린이 기호식품의 영양성분표시 대상이 되는 업체별, 가맹점 수, 직영점 수 및 점포수는 다음과 같다. <표 4-5>에는 햄버거 및 피자 산업, <표 4-6>에는 제과.제빵 산업, <표 4-7>에는 아이스크림 산업이 제시되어 있다.

〈표 4-5〉 영양성분 표시대상 업체 : 햄버거 및 피자 산업

분류	영업표지	가맹점	직영점	점포수 (개)
햄버거(5개) (총 1,249개)	롯데리아	645	106	751
	KFC	0	135	135
	버거킹	0	100	100
	맥도날드	7	143	150
	파파이스	107	6	113
피자(9개) (총 2,139개)	피자헛	150	163	313
	미스터피자	338	3	341
	도미노피자	237	66	303
	피자에땅	290	4	294
	피자빙고	173	0	173
	피자스쿨	309	0	309
	임실N치즈피자	171	0	171
	피자마루	115	0	115
	오구피자	120	0	120

〈표 4-6〉 영양성분 표시대상 업체: 제과제빵 산업

분류	영업표지	가맹점	직영점	점포수(개)
제과제빵 (13개) (총 5,133개)	파리바게트	1,762	36	1,798
	뚜레쥬르	1,063	27	1,090
	던킨도너츠	517	102	619
	따삐오	99	4	103
	크라운베이커리	418	55	473
	보네스뻬	33	88	121
	신라명과	173	3	176
	로티보이	139	3	142
	코코호도	142	0	142
	빵굼터	114	1	115
	파파로티	96	15	111
	아티제블랑제리	–	113	113
	조선호텔베이커리 데이엔데이	–	130	130

〈표 4-7〉 영양성분 표시대상 업체: 아이스크림 산업

분류	영업표지	가맹점	직영점	점포수(개)
아이스크림 (6개) (총 1,613개)	나뚜루	164	27	191
	베스킨라빈스	649	66	715
	디핀다트구슬아이스	99	13	112
	뉴질랜드 내추럴	254	0	254
	카페띠아모	148	3	151
	미니멜츠	40	150	190

2) 어린이 건강친화기업 지정 기준

어린이 건강친화기업 지정기준은 식품영업자의 어린이식생활 개선 활동을 독려하기 위하여 도입하는 기준으로서, 안전·품질관리 실적, 식품사고 예방 시스

템 구축 등의 항목을 평가하게 된다. 고열량·저영양 식품 영양성분 기준은 열량이 높고 영양가가 낮은 식품으로서 어린이 비만 및 영양불균형을 초래할 우려가 있는 어린이 기호식품의 영양성분 기준을 정한 것으로 열량, 포화지방, 당류, 나트륨 및 단백질 등의 영양성분 함량에 따라 고열량·저영양 식품으로 분류되며 이들 식품은 어린이 식품안전보호구역 내 학교매점 및 우수판매업소에서 판매를 금지하고 있다. 또한, 제품에 표시된 열량, 포화지방, 당, 나트륨, 단백질 수치만 입력하면 자동으로 고열량·저영양 식품 여부를 판단해주는 판별 프로그램을 식약처 홈페이지에서 운영하고 있다.

어린이 식생활안전지수 조사항목 및 방법 등의 기준은 우리나라 어린이의 식생활 안전 및 영양 수준을 객관적으로 평가하기 위한 기준으로서 어린이 식생활 안전 분야, 영양 분야, 국민 인지·실천 분야로 구분된다. 식약처는 고열량·저영양 식품 영양성분 기준을 산업체 등의 준비기간을 고려하여 2009년말까지 계도하고 2010년 1월부터 시행하고 있다. 계도기간 동안 실질적인 제품개선을 유도하기 위해 과자, 라면, 탄산음료 등 식품 유형별로 업체 간담회 및 설명회를 지속적으로 추진하였고, 업계에서도 당, 나트륨, 포화지방 등 성분배합비를 재조정하는 등의 노력을 기울이고 있다.

5장

식품의약품안전처의 영양안전행정

1. 식품의약품안전처 출범과 조직개편
2. 식품안전정책 주관부서

5장

식품의약품안전처의 영양안전행정

<표 5-1>에 의하면 우리나라의 중요 영양행정은 보건복지부 산하 행정조직인 식품의약품안전처, 질병관리본부, 국립보건연구원, 한국보건산업진흥원, 한국보건사회연구원, 보건소, 한국건강증진재단 등에서 이루어지고 있다. 보건복지부의 식 · 의약품 안전정책과 농림수산식품부의 농 · 축 · 수산물 위생안전 기능을 통합 수행하여 먹거리 안전 컨트롤 타워로서의 역할을 수행할 수 있도록 식품의약품안정청에서 식품의약품안전처로 승격되었다. 이를 통하여 식품안전관리 체계가 부처 간 분산관리, 조정기능 미비 등으로 지적되어 온 여러 문제점이 해결되고, 농·축·수산물과 가공식품 등 모든 식품 안전관리 체계가 생산부터 소비까지 통합관리되어 보다 강력하고 책임 있는 관리체계로 변화될 수 있다. 이러한 점을 고려하여 이 장에서는 우리나라에서 가장 핵심적으로 식품영양안전행정을 수행하고 있는 식품의약품안전처를 중심으로 하여 영양안전행정을 설명하였다.

〈표 5-1〉 보건복지부 산하기관과 주요 영양행정

행정조직	주요 영양행정
식품의약품 안전처	• 1998년 설립 • 식품 · 의약품의 안전관리체계 구축 및 운영 • 식품 첨가물 및 건강기능성 식품 제조업의 허가관리, 식중독관리, 부정불량식품 단속, GMO방사선조사 식품관리
질병관리본부	• 국립보건원에서 2004년에 확대 개편, 산하에 국립보건연구원과 국립검역소 및 지방 13개 검역소를 둠 • 만성질병관리과 : 국민건강영양조사, 청소년건강행태조사, 암역학조사 등의 만성질환 감시체계 구축 및 운영 • 보건분야 지역사회 조사감시체계 구축 및 운영 • 국가손상통합감시체계 구축 및 정책개발 지원 • 국가 만성병 예방관리정책 지원
국립보건 연구원	• 유전체역학과 : 한국인유전체역학조사사업을 통해 한국인의 대규모 유전체 역학 코호트 구축 • 식이패턴과 건강지표에 영향을 미치는 유전자 탐색 등의 영양연구 수행
한국보건 산업진흥원	• 1999년 설립, 국내외 환경변화에 대응할 수 있는 보건산업의 육성 · 발전과 보건서비스 향상을 위한 지원사업 수행 • 식품영양산업단 : 식품위생 · 안전 관련 제도 · 규제의 개선, 식품 · 위생관리 및 안전성 향상 기술지원에 관한 사항 수행
한국보건 사회연구원	• 1981년 가족계획연구원과 한국보건개발연구원을 통합하여 발족 • 국민 보건의료, 사회보장, 사회복지 및 사회정책 부문의 정책연구와 중 · 장 기 발전계획 수립 • 건강증진연구실에서 식품영양 관련 업무 수행 1. 건강증진 중 · 장기 발전전략 수립 및 평가 2. 식품안전 및 생활위생에 관한 연구 3. 질병의 예방 및 관리에 관한 조사 · 연구 4. 국가 암관리정책 개발 연구 5. 국민건강영양조사 등 건강증진에 관한 조사 · 연구
보건소	• 1995년 보건소법이 지역보건법으로 개정되면서 지방자치단체에서 건강증진에 역점을 둔 사업을 추진하도록 변화됨 • 지역의료기관의 설치 · 운영, 지역보건의료사업 • 영양개선사업, 식품위생행정, 영양교육 등
한국건강 증진재단	• 국민건강증진법에 의거한 건강사업지원단이 2011년 1월 변경 • 건강증진 정책 개발 지원, 기획, 조정 • 건강증진사업 기술개발 및 자문 · 지도 • 지역보건사업, 맞춤형 방문건강관리사업, 건강증진사업, 금연사업 등 • 영양사업팀에서 영양플러스 관리

출처 : 최혜미 외(2011)

❖ 식품, 의약품 안전에 관한 정책과 집행 기능이 통합 · 강화

	보건복지부	농림수산식품부
정책	식품위생법, 식품안전기본법 어린이식생활안전관리특별법 건강기능식품에 관한 법률, 약사법, 의료기기법 마약류 관리에 관한 법률, 화장품법	축산물위생관리법 농산물품질관리법
집행	(외청) 식품의약품안전청	(소속기관) 검역검사본부, 농산물품질관리원

❖ 식품, 의약품 안전에 관한 정책과 집행 기능이 통합 · 강화

식품의약품안전처 (총리소속)	
식품위생법, 식품안전기본법 축산물위생관리법, 농산물품질관리법(일부) 어린이식생활안전관리특별법 건강기능식품에 관한 법률	약사법 의료기기법 마약류 관리에 관한 법률 화장품법

❖ 식품 안전관리 체계 일원화

구분		기준	생산	수입	유통	소비
농	1차		생산관리			
	가공					
축	1차		축산물 및 축산물 가공품 일부(104 개 품목) 농림수산식품부 소관 관리(「축산물위생관리법」)			
	가공					
수	1차		생산관리			
	가공					
기타1)						

1) 건강기능식품, 주류, 식품첨가물, 기구·용기·포장

식약청 [ ], 농림부 [ ], 일부기능 중복 [ ]

식품안전관리 일원화

구분	기준	생산	수입	유통	소비
농축수산물					
가공식품					
기타					

식품의약품안전처 [ ], 생산단계 농림부·해수부 위탁(협력) [ ]

일부 위탁업무는 식약처와 농림부 또는 해수부가 교차확인 등 부처간 협업으로 차질없이 추진

〈그림 5-1〉 관련부처간 기능 재편

1. 식품의약품안전처 출범과 조직개편

1) 먹거리 안전 컨트롤 타워

민생안전 확보를 통한 국민 개개인의 행복 실현이라는 강력한 대통령 의지를 반영하고, 식·의약품 안전관리 일원화와 컨트롤 타워의 역할을 수행하기 위해 식품의약품안전청에서 식품의약품안전처로 승격되었다. 이를 통하여 식품안전관리 체계가 부처 간 분산관리, 조정기능 미비 등으로 지적되어 온 여러 문제점이 해결되고, 농·축·수산물과 가공식품 등 모든 식품 안전관리 체계가 생산부터 소비까지 통합 관리되어 보다 강력하고 책임 있는 관리체계로 변화될 수 있다.

보건복지부의 식·의약품 안전정책과 농림수산식품부의 농·축·수산물 위생안전 기능을 통합 수행하여 먹거리 안전 컨트롤 타워로서의 역할을 수행한다. 모든 식품안전사고는 식약처가 책임지고 관리하며 업계에 대한 중복규제 및 기준 이원화 문제를 해소하였다. 다만, 국회 여야 합의에 따라 농장·도축장 및 집유장의 위생·질병·품질관리·검사 및 위해요소 중점관리 기준 운영에 관한 사항은 농림축산식품부장관에게 위탁하였다(<그림 5-1> 참고).

2) 식품의약품안전처의 역할

<그림 5-2>에는 식품의약품안전처의 비전, 미션 및 핵심전략이 제시되어 있다. 비전은 안전한 식의약, 건강한 국민, 행복한 사회이고, 미션은 첫째는 삶의 질을 높이는 민생안전 확보, 둘째는 생산에서 소비까지 사람 중심 안전관리, 셋째는 국민의 더 안전한 더 건강한 삶 구현, 넷째는 안전을 넘어 국민 안심 확보이다. 이러한 미션을 수행하기 위한 핵심전략은 다음과 같다.

① 불량식품 근절
② 농장에서 식탁까지 촘촘한 안전관리
③ 소비자참여 및 안전문화 확산
④ 양질의 일자리 창출
⑤ 첨단의료제품 빠른 출시

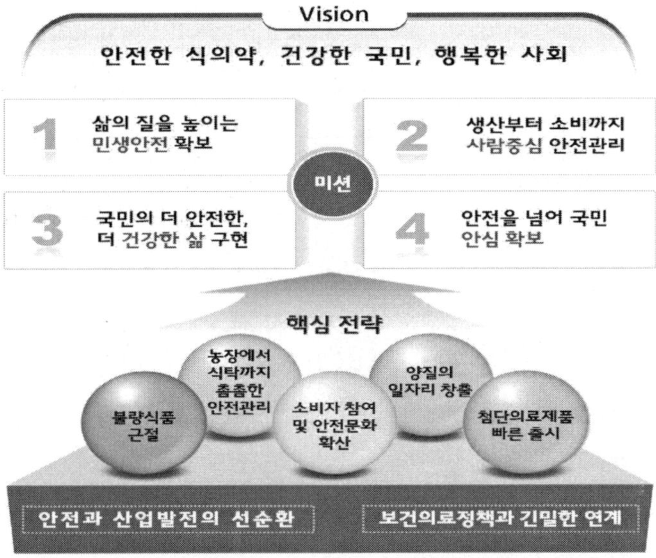

〈그림 5-2〉 식품의약품안전처의 비전, 미션 및 핵심전략

<표 5-2>에는 2012년에 식약처에서 조사한 국민이 희망하는 식의약 안전정책의 수요가 제시되어 있다. 안심하고 믿고 먹을 수 있는 식품, 건강한 식생활과 의료제품 사용, 생활 속 불안요인 사전예방 및 새로운 의료제품의 빠른 출시 등의 4개 영역에서 각각의 하위영역이 제시되어 있다.

〈표 5-2〉 국민이 바라는 식의약 안전정책 수요

"안심하고 믿고 먹을 수 있는 식품"	• 생산자, 업계보다 '소비자의 관점' 에서 안전관리 • 안전성이 입증되지 않은 식품은 수입하지 말아야 • 영세업체가 만드는 위해·불량식품 차단 • 고의적인 먹을거리 범죄, 일벌백계 필요
"건강한 식생활과 의료제품 사용"	• 음식점 위생·영양수준 향상 • 아이들의 급식, 안전 · 영양수준 획기적 향상 필요 • 부모님의 건강수명 연장을 위한 영양 관리 • 부작용 등 의약품 정보, 제대로 알고 복용
"생활 속 불안요인 사전예방"	• 가습기살균제와 같은 인체유해 제품 사전에 예방 • 담배(연기)의 유해성분을 정부가 책임지고 관리 • 신종유해물질 정보를 소비자에게 정확하게 알려야
"새로운 의료제품의 빠른 출시"	• 바이오, 유헬스케어 등 첨단제품의 빠른 제품화 • 제약 등 보건산업 활성화로 일자리 창출 • 신종질병 대유행시 충분한 백신, 치료의약품 공급

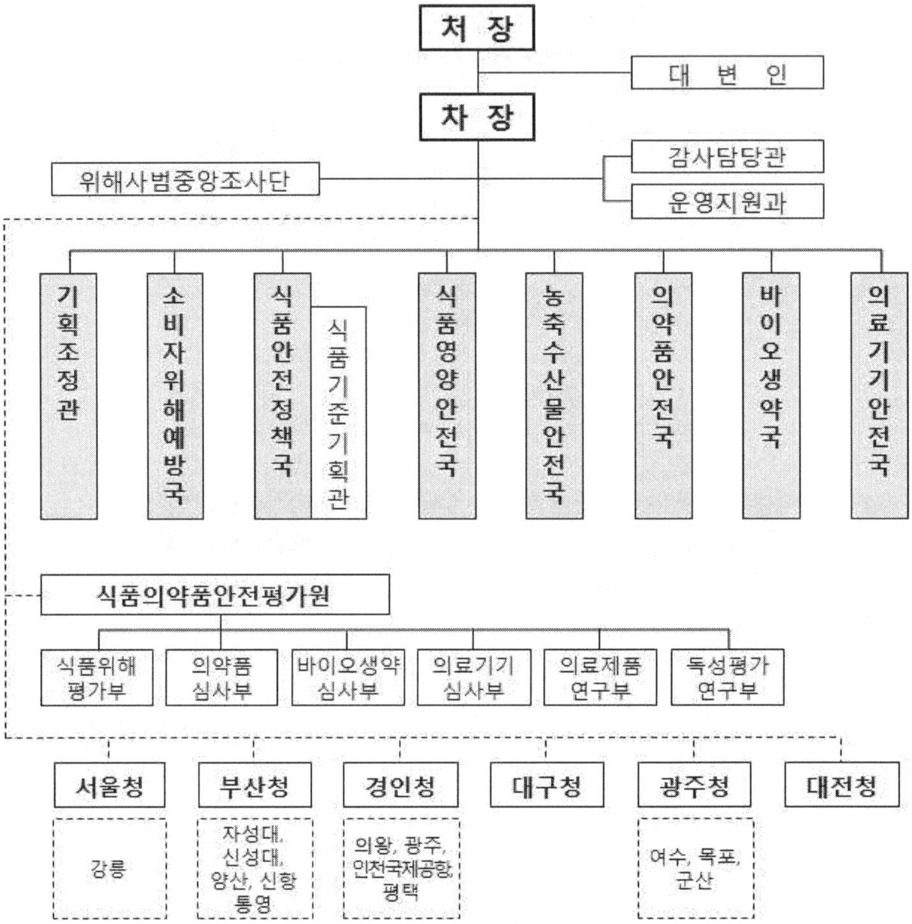

〈그림 5-3〉 식품의약품안전처 개편 조직도

<그림 5-3>에는 개편된 식품의약품안전처의 조직도가 제시되어 있다. 본부는 식·의약품 안전정책과 농·축·수산물 등 위생안전 일원화에 따른 정책 수립·조정 기능을 강화하고, 지도·단속·심사 등 집행업무는 소속기관에 위임하였다. 평가원은 식품 위해평가 기능을 보강하고, 의약품.의료기기 등 심사기능 이관을 통해 평가·심사 연계를 강화하여 과학에 근거한 전문 심사·평가 기관으로 역할을 수행한다. 식품위해평가과, 잔류물질과, 신종유해물질팀 등 기구 명칭을 변경하고 인력을 보강한다. 의약품심사부, 바이오생약심사부, 의료기기심사부 등 총 15과를 평가원으로 이관한다.

지방청은 농·축·수산물 안전관리를 위한 집행조직 신설과 의약품·의료기기 업체 등 이관된 현장실사 기능 수행 등 현장 중심의 신속한 안전관리 집행 기능을 수행한다. 농축수산물안전과를 서울·부산·경인·광주청에 신설하고, 수입식품검사소 5개소를 강릉·통영·여수·목포·군산에 신설한다. 의료제품실사과를 경인·대전청에, 의료기기안전관리과를 서울청에 신설한다. 특히, 민생안전을 위협하는 불량식품 근절과 소비자 보호, 소통 기능 강화 등 대통령의 의지를 반영하고, 새 정부의 국정과제 운영을 위한 기반을 마련하기 위하여 소비자위해예방국을 개편하고, 소통협력과 신설 및 불량식품 근절 추진단을 임시조직으로 운영하기로 하였다.

이러한 개편을 통하여 부처 간에 분산, 관리되던 농·축·수산물과 가공식품 등 모든 식품 안전관리가 생산부터 소비까지 통합 관리되어, 보다 강화된 식품안전관리 체계가 확립될 것으로 기대되었다. 특히 식품안전 사고에 대한 신속한 조치와 대응이 가능해 지고, 중복규제 해소와 민원편익 증대, 안전관리의 투명성과 신뢰성이 제고될 것이다. 의약품 안전이 보건의료분야에서 분리되어 식품의약품안전처의 독립적 영역으로 관리되고, 의사·약사 등 공급자 관리와 구분하여 보다 환자 등 수요자 중심의 의약품 안전관리에 치중할 수 있고, 의약품 안전에 필요한 법령과 제도를 신속하게 마련할 수 있게 되었다. <표 5-3>에는 개편 전후의 변화가 상세하게 제시되어 있다.

〈표 5-3〉 개편 전후의 변화

구분	개편 前(식약청)	개편 後(식약처)
신속 조치	• 식중독 원인조사 시 축산물제조업소 출입·조사에 한계 • 멜라민 사건 대응 시 분유는 농림부, 과자류는 식약청이 대응	• 식약처 통합관리로 신속한 조사 및 개선조치 가능
중복 규제	• 肉 함량 75% 이상은 농식품부, 75% 미만은 식약청이 관리 • 아이스크림(유지방 6% 이상)은 농식품부, 빙과류(2% 미만)는 식약청이 관리	• 식약처 통합관리로 중복규제 해소
민원 편익	• 축산물과 가공식품을 함께 수입하는 영업자는 농림부와 식약청에 각각 신고	• 식약처 통합관리로 식약처 한곳에 수입신고

3) 식품의약품안전처 승격으로 도입된 제도

'식품나라'와 '농식품안전정보시스템'으로 분산 운영되던 대국민 식품안전포털이 식품안전정보망으로 통합되고 정보컨텐츠도 강화되었다. 양 부처의 모니터링 결과, 처분내역과 검사결과 등이 공유되었고, 부적합 식품 경보시스템을 축산물 · 소규모 매장까지 확대함으로써 식약청 소관 가공식품·농산물 등에 적용되던 경보시스템을 축산물에도 적용할 수 있게 되었다. 통합식품안전정보망이 구축되면 각종 식품안전정보를 학교급식 등 안전관리에 활용하여 보다 촘촘한 먹거리 관리가 가능하게 되고, 국민과 산업체는 개방되는 식품안전정보를 활용할 수 있다. 통합식품안전정보망은 범부처 식품안전정보 표준체계, 식품안전정보 대국민 포털사이트, 정보공동활용시스템, 행정업무통합시스템 등으로 구성되었다.

'범부처 식품안전정보 표준체계'는 식품업체와 제품에 고유번호를 발급 · 활용하여 국가 식품안전정보를 통합하고, 식품원재료 등에 대한 표준코드를 마련하여 식품에 사용할 수 없는 원료를 제품신고 단계부터 차단하게 된다. '식품안전정보 대국민 포털사이트'는 식품안전 행정정보와 위해식품정보를 한곳에 모아 국민이 찾기 쉽게 제공하고 식품업체에 '(가칭)우리회사 식품안전관리서비스'*를 통해 각종 안전정보와 관리기준을 사전에 제공하여 식품업체의 안전관리 수준을 높이게 된다. 업체 고유번호를 통해 제조, 수입, 유통, 접객 업체 등 유형과 해당 업체에 맞는 식품기준·규격, 위해식품정보, 안전관리가이드 등 맞춤형 정보를 제공한다. '정보공동활용시스템'은 부처간에 나누어져 있는 식품안전정보를 통합하여 식품안전 정책수립과 식품 사고대응에 부처간 칸막이 없이 정보를 공유하게 된다. '행정업무통합시스템'은 식약처와 광역시 · 도, 시 · 군 · 구 사이에 실시간으로 정보공유와 행정처리가 가능하도록 업무수행 품질을 높이게 된다.

농림부와 식약청이 각각 관리하던 식품안전인증기준 지정기준 및 절차 등이 식약처로 일원화됨에 따라 식품안전인증기준(HACCP)을 통합하여 운영하고 유해기준을 통일할 수 있게 되었다. 식품안전 컨트롤타워 기능 강화에 따라 각 부처, 지자체 등과 협력하여, 불량식품에 대한 강력한 근절대책을 추진하고 고의적 식품범죄 사범을 감시하고 부당이득 환수를 강화할 수 있다.

전국 음식점의 위생수준을 점검 · 평가하여 등급을 홈페이지에 공개하고 우수한 업체에 대해 인증을 부여하는 음식점 '위생등급제'를 시행할 수 있게 되었다. 소비자가 신고하거나, 언론에 보도된 비위생 음식점은 신속하게 조사하여 최하위 등급을 부여할 수 있다. 의약품 복용 후 부작용에 따른 국가보상제도 도입하여 소비자 의약품 부작용 피해구제를 시행할 수 있게 되었다.

4) 소관법률

<표 5-4>에는 식품, 의약품 및 공통으로 구분된 식약처가 주관하는 법률 13개가 제시되어 있다. 이외에도 식약처는 대통령령 14개와 총리령 18개, 264개의 고시·훈령·예규 등을 주관하고 있다.

〈표 5-4〉 주요 법률('13.3월 기준)

분 야	법 률
식 품	① 식품안전기본법 ② 식품위생법 ③ 건강기능식품에 관한 법률 ④ 어린이식생활안전관리특별법 ⑤ 축산물위생관리법 ⑥ 농수산물품질관리법(농식품부와 공동소관)
의약품 등	⑦ 약사법(복지부와 공동소관) ⑧ 인체조직안전 및 관리 등에 관한 법률(복지부와 공동소관) ⑨ 마약류관리에 관한 법률 ⑩ 화장품법 ⑪ 의료기기법 ⑫ 실험동물에 관한 법률
공통	⑬ 식품 · 의약품분야 시험 · 검사 등에 관한 법률

2. 식품안전정책 주관부서

식품의약품안전처에서 식품안전정책을 담당하고 있는 주관부서의 주요업무와 관련된 정보 및 관련사이트를 소개하면 다음과 같다.

1) 소비자위해예방국

(1) 주요업무

소비자위해예방국은 선제적으로 위해를 예방하고 식의약 안전사고를 완벽하게 차단하고 시험검사의 신뢰성을 국제적 수준으로 확보하고 소비자권익을 보호하기 위하여 다음과 같은 업무를 수행하고 있다.

① 식품·의약품 등의 위해예방 및 위기관리
② 식품·의약품 등의 위해정보 교류 및 대외협력 등 관리
③ 소비자단체 지원·육성 및 소비자 권익증진을 위한 정책 개발
④ 식품·의약품 등의 시험검사기관 및 시험장비 관리
⑤ 식품·의약품 등의 관계 부처 및 대국민 소통 활성화
⑥ 식품·의약품 등의 시험검사 능력 국제적 수준으로 향상
⑦ 식품·의약품 등의 국내외 위해정보 수집분석 및 공유

(2) 소비자소통

① 소비자포럼

식품·의약품 등의 안전 이슈에 대한 이해관계자 상호간의 리스크 커뮤니케이션을 실현하고, 국민의 공감대를 형성하기 위한 쌍방향 정보소통 활성화로 사전예방적 식품의약품안전관리체계를 구축한다. 예를 들면 2013년 12월 16일에는 식약처는 식의약품 안전관리에 대한 사회적 관심이 고조됨에 따라 소비자들과의 효율적인 소통방안을 모색하기 위해 소비자단체와 공동으로 소비자포럼을 서울에서 개최하였다. 이날 포럼에서는 소비자단체, 언론, 학계, 업계 등 전문가 150여명이 참석하며 식품이물, 기능성 화장품, 의약품 안전사용을 위한 소비자소통방안 등을 주제로 분야별 주제발표 및 자유토론이 이루어졌다(아시아결제 2013년 12월 16일).

② 식의약 영리더

식의약 영리더 프로그램은 청소년(중·고등학생)이 주체가 되어 식의약 안전에 관한 창의적인 방법으로 가정·학교·온라인 등에서 홍보활동을 수행

하고 있다. 식의약 영리더는 2011년부터 나트륨 적게 먹기 등을 주제로 3기에 걸쳐 운영되었는데, 제4기는 2014년 6월에 총 50팀(중·고등학생 각 25팀)을 모집하였다. 선정된 식의약 영리더는 3~4명이 1팀을 이뤄 "건강기능식품 구매시 '건강기능식품' 문자 및 마크를 확인하세요."를 소통 메시지로 콘텐츠 제작, 온·오프라인 홍보 등을 전개하며 위촉장 수여, 봉사활동실적 부여, 우수팀 시상 등의 혜택이 주어진다.

③ 식의약안방체험

식의약 안방체험 프로그램은 대학생, 주부층 등을 대상으로 실험실 견학, 실험실습 등 다양한 체험 기회를 제공하고 있다.

④ 식품의약품안전모니터

식품의약품안전모니터는 식품 · 의약품 등에 대한 안전정보 전파를 통해, 국민과의 소통에 기여하고 안전에 대한 올바른 여론 형성에 참여한다. 식품, 의약품, 화장품, 의료기기 등의 안전관리에 관심 있는 개인 블로그 및 SNS활용자를 대상으로 하여 온라인상 식품의약품 안전정보를 확산시키고, 식품 · 의약품 안전 및 위해에 대한 잘못된 정보를 정정하는 역할을 주로 하고 있다. 식품의약품안전모니터는 2009년부터 시작되었고, 2014년에 제6기를 모집하였다. 제6기 식품의약품안전모니터는 만 15세 이상의 블로그와 SNS 사용자를 대상으로 6월 2일부터 7월 2일까지 신청을 받으며, 총 200명을 모집한다. 선정된 식품의약품안전모니터에게는 위촉장 수여, 봉사활동 실적 부여, 우수자 시상 등의 혜택이 주어지며 소비자포럼, HACCP 업체 방문, 위크숍, 교육 등에 참여한다.

(3) 관련사이트

① 한국식품위생검사기관협회(http://www.kftla.or.kr)

한국식품위생검사기관협회는 2012년에 설립되었고, 식품위생검사기관 상호 간의 유대화 이익 및 식품위생향상과 국민보건증진을 위한 식품위생 검사기관, 자가품질검사, 식품검사 등을 안내하고 있다.

② 한국소비자단체협의회(http://www.consumer.or.kr)

한국소비자단체협의회는 1976년에 설립되었고, 현재는 10개 회원단체와 전국 255개 지역단체들이 소비자 보호 운동을 전개하고 있다.

③ 식품안전정보원(http://www.foodinfo.or.kr)

식품안전정보원은 소비자에게는 안전한 식생활을 누리는 데 필요한 생활 정보를 알기 쉽게 제공하고, 기업에게는 식품 위해를 예측하고 관리하기 위한 중요정보를 신속하게 제공하고 있다.

2) 식생활안전정책국

식생활안전정책국은 사전관리강화를 통한 식품안전망 확보 및 건강한 식생활 환경 조성하고 선제적 위해예방으로 식의약 안전사고를 완벽하게 차단하기 위하여 다음과 같은 업무를 수행하고 있다.

① 식품안전관리 종합계획 수립 및 법령의 제 · 개정
② HACCP 종합계획 수립 및 제도개선
③ 식품표시기준 제 · 개정 및 제도개선 업무
④ 수입식품 안전관리 종합계획 수립 및 제도개선
⑤ 위해 식품등(농축수산물 제외)의 회수, 관리
⑥ 주류 제조업체 등록 및 관리
⑦ 위해상품 판매차단시스템 운영, 관리
⑧ 식품 등에 대한 기준 · 규격 설정 · 운영
⑨ 국제회의 및 국제행사 등 식음료 안전관리 지원
⑩ 건강기능식품의 기준 · 규격 설정 · 운영

(2) 관련사이트

① 식품나라(http://www.foodnara.go.kr)

식품나라는 식품안전포털, 위해식품정보, 회수판매중지제품, 건강레시피, 식품안전뉴스, 방사능뉴스, 건강기능식품 부작용신고 등과 관련된 정보를 제공하고 있다.

② 건강기능식품 홈페이지(http://www.foodnara.go.kr/hfoodi)

건강기능식품 홈페이지는 건강기능식품과 관련된 제품정보 및 기준, 규격, 기능성 원료 인정 현황 및 인정 방법 등의 소개를 통하여 소비자 및 영업자에게 맞춤형 건강기능식품에 대한 정보를 제공하고 있다.

③ 잔류농약 정보제공(http://fse.foodnara.go.kr/residue/)

잔류농약 정보제공은 일반인을 위한 잔류농약 · 잔류동물용의약품 정보제공, 전문가를 위한 농약DB, 동물용의약품 DB 정보를 제공하고 있다.

④ 식품기준 및 규격 검색(http://fse.foodnara.go.kr/residue/RS)

식품기준 및 규격 검색은 전국민의 식탁안전을 위한 식품규격 정보와 식품공전, 기준규격자료, 홍보자료 등을 제공하고 있다.

⑤ 주류 안전 정보 사이트(http://foodnara.go.kr/alcohol_safety)

주류 안전 정보 사이트는 주류 안전 정보 및 주류제조업체 DB, 건전한 음주 등과 관련된 정보를 제공하고 있다.

⑥ 식품원료길라잡이(http://fse.foodnara.go.kr/origin/dbindex.jsp)

식품원료길라잡이는 국 · 내외에 산재되어 있는 동 · 식물원료들의 식용 적합 근거를 제시하기 위하여 수집된 자료들을 종합적인 데이터베이스로 구축하여 신속하게 식용가능여부를 판단할 수 있도록 작성하여 제공하고 있다.

⑦ 식품첨가물 바로알기(http://www.foodnara.go.kr/foodaddy)

식품첨가물 바로알기는 식품을 가공하고 조리할 때 식품 본래의 성분 이외에 첨가하는 물질인 식품첨가물의 정의 및 용도, 식품첨가물의 안전성정보, 식품첨가물의 표시사항 등을 제공하고 있다.

⑧ 기구 및 용기 · 포장정보방(http://www.foodnara.go.kr/pack)

기구 및 용기 · 포장정보방은 용기포장의 정의, 각국의 관리제도, 민원질의 응답모음, 용어, 관련사이트에 대한 정보를 제공하고 있다.

⑨ 기구등의 살균소독제정보방(http://www.foodnara.go.kr/dis)

기구등의 살균소독제정보방은 기구등의 살균소독제 기준규격 정보 및 홍보자료 등을 제공하고 있다.

⑩ 식품첨가물정보방(http://www.mfds.go.kr/fa)

식품첨가물정보방은 식품첨가물의 기준규격 정보 및 홍보자료 등을 제공하고 있다.

⑪ 수입식품정보사이트(http://www.foodnara.go.kr/importfood)

수입식품정보사이트는 수입식품 관련 법령, 수입식품 검사기관, 수입안전관리제도, 검사명령제, 수입식품신고 대행자, 우수수입업체 등록제도, 사전확인등록제도, 국외공인검사기관 운영, 보세창고 위생관리 등 수입식품 관련 전반적인 정보를 제공하고 있다.

⑫ 식품이력추적관리시스템(http://www.tfood.go.kr)

식품이력추적관리시스템은 식품이력추적관리 등록신청 및 등록, 식품이력추적관리 정보 조회, 식품이력추적관리 제도 등을 소개하고 있다.

⑬ 해썹지원사업단(http://haccphub.or.kr)

해썹지원사업단은 식품안전관리체계 HACCP 현황, 적용절차, 도입효과, 지정업소검색 및 사이버 해썹홍보관 등을 제공하고 있다.

⑭ 식품원료 길라잡이(http://fse.foodnara.go.kr/origin)

식품원료 길라잡이는 식물 및 동물 원재료명, 학명, 이명, 생약명, 식용여부 등을 검색할 수 있다.

3) 영양안전정책국

(1) 주요업무

영양안전정책국은 안전을 넘어 안심까지 보장하는 건강한 식생활 환경 조성하기 위하여 다음과 같은 업무를 수행하고 있다.

① 과학적 영양 관리로 만성질환 사전 예방
② 식중독 발생 저감과 대책 추진
③ 어린이 식생활 안전·안심 확보
④ 신소재식품 안전관리 강화
⑤ 건강기능식품 안전관리 선진화

(2) 관련사이트

① 유전자 재조합식품(GMO) 정보(http://www.mfds.go.kr/gmo)

유전자 재조합식품(GMO) 정보는 GMO 이해, GMO 안전성, GMO 표시, GMO 자료실, GMO 소식 등에 관한 정보를 제공하고 있다.

② 식중독통계시스템(http://www.mfds.go.kr/e-stat/index.do)
식중독통계시스템은 월별, 연도별, 지역별, 원인시설별, 원인물질별 식중독 통계 현황 등에 관한 정보를 제공하고 있다.

③ 식중독예방 대국민 홍보사이트(http://www.mfds.go.kr/fm/index.do)
식중독예방 대국민 홍보사이트는 식중독 정의, 발생현황, 예방법, 위생관리, 대처법 수록 등에 관한 정보를 제공하고 있다.

④ 건강친화녹색식단(http://www.foodnara.go.kr/greendiet)
건강친화녹색식단은 녹색식단 소개, 메뉴, 식단, 제철재료, 레시피 정보 등에 관한 정보를 제공하고 있다.

⑤ 영양식생활 교육(http://www.foodnara.go.kr/nutriedu)
영양식생활 교육은 식생활 안전, 영양가이드 등에 관한 정보를 제공하고 있다.

⑥ 식품영양성분데이터베이스(http://foodnara.go.kr/kisna/)
식품영양성분데이터베이스는 식품과 구성성분을 정의하고 다양한 출처로부터의 자료들을 활용하여, 사용자 집단의 요구를 적절하게 충족시키는 포괄적인 데이터 시스템의 구성을 위해 구축되었다.

⑦ 생애주기 영양관리 정보관(http://foodnara.go.kr/foodlife/)
생애주기 영양관리 정보관은 계층별로 각기 다른 영양관리 방법 및 참고자료를 제공하여 건강하고 안전한 식생활에 도움을 주기 위한 정보관이다.

⑧ 고열량·저영양 식품판별 프로그램(http://www.mfds.go.kr/jsp/page/decintro.jsp)
고열량·저영양 식품판별 프로그램에서는 어린이식생활안전관리특별법에 따라, 어린이 기호식품 중 고열량·저영양 식품을 판별할 수 있다.

⑨ 어린이 급식관리지원센터(http://ccfsm.foodnara.go.kr)
어린이 급식관리지원센터는 지역아동센터 급식관리 지원 사이트, 센터 소개, 식생활 정보, 교육 및 상담 안내 등에 관한 정보를 제공하고 있다.

⑩ 영양표시정보(http://www.mfds.go.kr/nutrition/index.do)
영양표시정보는 알기 쉬운 영양표시정보, 영양표시가이드, 영양교육(식생

활), 식품영양성분 등에 관한 정보를 제공하고 있다.

⑪ 건강기능식품(http://www.foodnara.go.kr/hfoodi)

건강기능식품은 건강기능식품의 정의, 건강기능식품 대상별, 기능별, 원료별 등에 관한 정보를 제공하고 있다.

⑫ 어린이건강메뉴(http://www.foodnara.go.kr/kidmenu)

어린이건강메뉴는 영양에 대한 소개와 유아, 학동기, 청소년을 위해 개발된 건강 메뉴를 소개하고 있다.

⑬ 나트륨 줄이기(http://www.foodnara.go.kr/Na_down)

나트륨 줄이기는 나트륨 정보, 나트륨 줄이기 참여 업체 소개, 저나트륨 메뉴 소개, 관련 홍보자료 등에 관한 정보를 제공하고 있다.

6장

식품안전과 관련된 국정과제

1. 식품안전강화
2. 식품안전관리 시스템 강화
3. 소비자소통을 통한 식품안전정책 구현

6장

식품안전과 관련된 국정과제

인간의 생존과 직결된 식품과 관련된 사건과 사고는 소비자로 하여금 사회에 대한 불신감과 생활환경에 대한 불안감을 갖게 한다. 안전한 먹거리에 대한 불안감과 사회적 불신감으로 소비자는 식품의 재배환경부터 유통과정에 관한 정보공개를 요구하는 등 식품안전에 대한 소비자요구는 지속적으로 증가하고 있다. 이러한 소비자의 관심과 요구는 쇠고기 이력추적제, HACCP 인증제도, GMO 표시제도와 같은 식품안전을 확보하기 위한 제도를 도입하게 하는 중요한 요인이 되었다. 그러나 아직도 식품과 관련한 안전사고는 빈번히 일어나고 있고, 특히 일본의 원전사고에 의한 식품불신은 더욱 확산되고 있다. 최근 KBS '소비자고발'이나 MBC '불만제로' 등과 같은 시사교양프로그램에서 잇따라 믿고 소비했던 대기업에서 유통되는 식품마저도 신뢰할 수 없다는 사실이 밝혀지면서 소비자들의 식품안전에 대한 불안감이 증가하면서 식품안전요구도가 점점 높아지고 있다(유현정과 주소현, 2012).

식품안전 위해요인에 대한 소비자인식을 질적 연구를 통하여 밝힌 윤여임과 김경자(2013)에 의하면 소비자들은 근본적으로 식품환경이 위험하다는 인식을 공유하고 있었으며, 식품안전의 위해요인이 매우 다양하다고 인식하고 있었다.

응답과정에서 반복적으로 언급되는 식품안전 위해요인의 키워드를 뽑아 본 결과 잔류농약, 수입산, GMO, 항생제, 성장호르몬, 광우병, 환경오염으로 오염된 식품, 중금속, MSG, 식품첨가물, 방부제, 비위생적인 식품, 환경호르몬, 너무 싼 가격의 식품 등 모두 14가지가 도출되었다. 이 장에서는 식품의약품안전처가 2013년에 발표한 식품안전과 관련된 국정과제를 추진배경, 현황과 문제점, 추진계획, 제도 개선 등을 중심으로 설명하였다.

1. 식품안전강화

1) 불량식품 근절 종합대책 추진

(1) 추진배경

불량식품은 소비자의 건강을 위협하는 가장 중요한 요인이고, 소셜미디어의 발달로 쉽게 사회적인 빅 이슈로 점화될 가능성이 내재되어 있다. 생산단계에서 토양과 양식장이 오염되고, 제조과정 중에는 내분비 장애물질 등과 같은 유해물질이 검출되는 등 기존의 관리 영역 이외에 새로운 영역이 확대되고 있는 추세이다. 라면스프 벤조피렌, 굴 양식장 노로바이러스 오염, 중국 멜라민 식품사고 등이 사회적으로 큰 문제로 대두되었다. 이러한 상황에도 불구하고 식품을 생산하고 제조하는 업체가 영세하고, 생산 · 유통 · 판매 경로가 복잡해지고 있고, 관리책임이 다원화되어 부처 간에 효율적으로 정보를 공유하고 협력하는데 많은 제약이 있는 실정이다. 2011년 통계에 의하면 식품업체의 96.6%가 종업원 50인 이하이고, 상위 3.4%가 매출의 74.2% 점유하고 있었다. 이러한 문제점 때문에 지속적인 단속에도 불구하고 불량식품은 근절되지 않고 있다. 불량식품 신고건수가 2009년에 8,797건, 2010년에 11,892건, 2011년에 10,217건, 2012년에 9,884건으로 나타났다.

이처럼 불량식품이 근절되지 않는 이유로는 다음과 같은 것들이 있다.

첫째, 생산 · 공급자 측면에서 보면 시세차익 등 경제적 이윤동기가 상존해 있고, 적발 및 행정처분으로 인한 과징금과 벌금 등이 이익에 비하여 매우 작고, 인허가 장벽이 낮아 언제든지 영업을 재개할 수 있다.

둘째, 수요자 측면에서 보면 다이어트, 정력제 등과 같은 특정품목을 중심으로 인터넷 불법구매를 통한 수입이 증가하고 있고, 어린이와 노인 등 사회적 약자가 손쉽게 구매가능한 환경이 확산되고 있다.

셋째, 제도 측면에서 보면 처벌보다 부당이득이 큰 구조, 품목과 업소 중심으로 관리되고 있어 반복적으로 위반하고 있는 사람이나 업소를 관리하는데 문제가 있고, 관계 부처간 정보를 공유하고 활용하는 면이 부족하다.

마지막으로 정책환경 측면에서 중국이나 일본과 같은 주변국의 식품안전사고, 위생취약국가의 수입제품이 증가하는 등 국경이 무너지는 현상이 확산되고 있고, 과학발달로 유해물질의 검출과 관리 수준이 제고될 필요성이 증가하고 있다.

(2) 현황 및 문제점

불량식품은 사전적으로는 비위생적이고 품질이 낮은 식품을 의미하나, 통상 국민에게 불안감을 조장하는 모든 식품을 의미한다. 좁은 의미로는 부패 · 변질되거나 발암물질 등이 함유되어 인체에 유해한 식품, 넓은 의미로는 허위 · 과대광고, 가짜식품 등 소비자를 속이는 모든 식품을 불량식품이라고 할 수 있다. 대표적인 불량식품 판매유형으로는 다음과 같은 것을 예로 들 수 있다.

① 사용이 금지된 원료나 물질을 식품에 사용하는 악덕 행위
유해 · 유독물질, 미승인 농약, 사료용 원료 등을 식품에 넣어 판매하는 것이다.

② 제품의 품질이나 가격 등을 속여 판매하는 기만 행위
가짜참기름, 신선도가 떨어지는 원료에 색소를 사용하여 판매하는 것이다.

③ 정식으로 인 · 허가나 신고되지 않은 식품을 판매하는 불법 행위
국내 무신고 제품 판매, 온라인 구매 대행을 통한 불법 수입식품을 판매하는 것이다.

④ 저가 · 저품질 제품으로 어린이를 현혹하는 소비자 심리 악용 행위
담배, 화투 모양 과자 등 어린이 정서 저해식품이나 미끼상품을 판매하는 것이다.

⑤ 비위생적으로 음식을 만들어 팔거나 재사용하는 비양심적 행위
세균수 초과 냉면, 식중독균 검출 김밥 등 판매, 사용반찬 재활용 등이 해당된다.

(3) 추진전략

① 불량식품이 근절될 때까지 강도 높은 범정부와 민관이 합동으로 단속을 실시해야 한다. 특히 소비자단체를 활용한 신고체제를 마련해야 한다.
② 불량식품 제조·유통의 경제적 유인을 차단하고 사각지대를 메우는 근본적인 제도 개혁을 추진해야 한다.
③ 소비자·공급자의 인식과 행동을 바꾸는 먹을거리에 대한 안전문화를 확산시켜야 한다.

(4) 추진계획

<그림 6-1>과 같이 총리실 산하에 불량식품 근절대책 추진의 컨트롤타워로 식품안전정책위원회를 설치해서 불량식품 근절 추진상황을 점검하는 회의를 주기적 개최하고, 총리실이 주관하여 추진상황을 점검하고 부처·기관간 협력의제를 발굴한다. 불량식품 근절 5개년 종합대책을 마련하고 세부시행계획을 수립한다.

소비자·업계·언론이 참여하는 '불량식품 근절 캠페인' 및 공익광고를 시행하고, 어린이와 노인을 대상으로 하여 식품선택과 구매요령을 교육한다. 소비자 참여 및 기능을 강화하여 연중 시민감시단을 운영한다. 시민감시단으로는 전문성 있는 소비자식품위생감시원, 소비자, 학부모 등을 위촉하여 운영한다. 1399(불량식품신고 전화) 운영체계를 개선하고 정보활용 효과성을 제고한다. 현재 관할 시·군·구의 신고전화 연결로는 주요 정보사항을 공유하기가 어려운 실정이므로 일괄적으로 상담을 접수하고 사례를 분석하여 관할지역에 통보하고 유관기관 등과 공유한다. 온라인·오프라인 정보, 소비자 식품안전 체감도 등을 주기적으로 분석하여 관계기관과 공유하고 적정성을 확인하여 대응책을 강구한다.

불량식품 사례의 원인을 분석하여 DB화하고, 재평가 및 기획감시를 수행한다. 즉 과거 불량식품 발생사례를 중심으로 데이터베이스를 구축하고, 데이터 마이닝(Data Mining)을 통해 불량식품 발생 트렌드를 분석한다. 원인분석을 통해 위험

도, 발생빈도 및 근본 원인 중심의 연차별 집중관리 계획을 수립하고 주기적으로 재평가한다. 인위적 첨가 등 신종유해물질을 탐색하고 분석법을 개발하여 보급한다. 지자체의 불량식품 감시 단속 역량을 대폭 강화하기 위하여 시 · 도 및 시 · 군 · 구의 불량식품 근절 추진조직과 인력을 보강한다. 식약처의「위해사범중앙조사단」과 지자체의 불량식품 단속 및 식품사범처리 등과의 연계성을 제고시킨다. 지자체의 전문성을 제고하기 위한 교육과 집행의 적정성을 관리(cross-checking)한다.

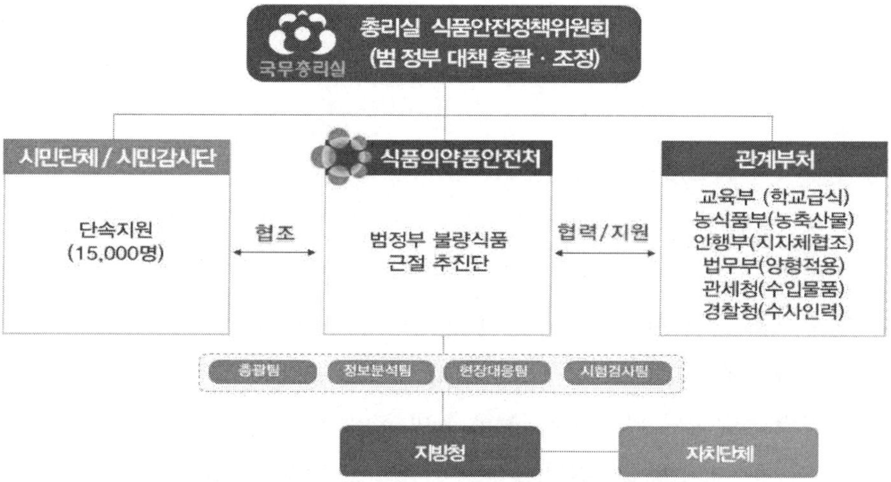

〈그림 6-1〉 범정부 불량식품 근절 추진단

(5) 제도개선 추진

① 현행 위반 물품과 기업의 DB를 관리하여 동일인이 위반할 경우 2년 ~ 5년까지 영업을 제한하고 있는데, 중대한 위반자와 고의적 식품범죄사범은 기간제한을 철폐하여 영구 퇴출시키고, 고의적으로 불량식품을 제조.판매 행위자의 불법 경제적 이익은 소매가격의 최고 10배까지 환수조치 한다. 영업허가 등의 제한 대상도 확대하여 영업진입을 원천으로 차단한다.

② 어린이 등 취약계층을 보호하기 위해 학생안전지역 내 문방구점 등에서 식품 판매행위를 금지하고, 학교 주변 불량식품을 100% 근절하기 위하여 슈퍼, 편의점, 분식점, 음식점 등의 경우 '우수판매업소' 지정을 유도하고 단계적으로 의무화한다.

③ 세계 최고 수준의 깨끗하고 안전한 음식점 · 외식 환경을 조성하기 위하여 음식점 위생 등급제를 시행한다. 영국의 FSA 식품위생등급제(5점 척도), 미국 뉴욕 · LA시 위생점검 등급제(A, B, C), 뉴질랜드, 덴마크, 싱가포르 등도 위생등급제를 시행하고 있다. 업체별 위생등급을 간판 또는 출입문에 게재하게 하고, 위생점검 결과 미흡사항 등은 홈페이지에 공개하도록 한다.

④ 인터넷 · 홈쇼핑에서 안심하고 식품을 구매할 수 있도록 인터넷 상거래 관리 강화를 위한 「식품판매중개업」을 신설하고, 해외 구매대행 · 통신판매하는 자가 수입제품을 국내에 반입하는 경우 제품 안전성 검사를 받도록 의무화하고 있다.

(6) 먹을거리 안전문화 확산

① 소비자, 업계, 언론 등이 참여하는 '불량식품 근절 캠페인' 개최
어린이, 학생, 주부를 대상으로 '불량식품 안 사먹기 운동'을 소비자단체, 불량식품 근절 시민추진단 등과 연계하여 추진한다.

② 식품안전에 대한 대국민 리스크 커뮤니케이션 수행
부처별로 분산된 위해소통기능을 모아 한 목소리로 국민과 소통할 수 있도록 식약처에 소통협력전담조직을 신설하고, 범부처 위해소통 개선 협의체를 구성하였다.

③ 안전한 식품 유통을 위한 업계 · 협회 차원의 자정 노력 강화
음식점 중앙회, 식품산업협회 등과 단체 차원의 자율점검을 강화하고 자정대회 등을 개최한다.

④ 불량식품 근절, 안전문화 확산을 위한 「국민안심제안센터」 설치
불량식품 제조 · 판매 행위 신고를 활성화하고 신속하게 조치하기 위하여 식품안전소비자신고센터와 부정불량식품신고(1399)를 활성화하고, 식품안전정책에 대한 국민의 의견과 제안을 광범위하게 수렴한다.

⑤ 불량식품 근절을 위한 범정부 차원의 홍보 강화
총리실, 문화관광부 등과 협의하여 불량식품 근절 공익광고를 지속적으로 추진하고, 불량식품 판별 가이드를 제공하고, 소비자 신고 요령 등을 교육하고 홍보한다.

〈표 6-1〉 불량식품 발생원인별 세부개선대책

구분	주요원인	현황	개선안
생산 · 공급 단계	· 원산지 변조 등을 통한 시세 차익 발생 (위 · 변조 고가 판매) · 규제완화에 따른 식품 영업자의 허가진입 용이(영세한 산업구조 형성) · 농 · 축수산물 생산 원료 안전관리 미흡	· 10인 이하 사업장 전체의 92%(종업원 51인 이상업체(3.4%)가 전체 매출액 74.2% 점유)	· 영세업소, 어린이기호 식품 제조업체 HACCP 지원 확대 · 제조·품질관리인 지정제 도입 · 오염환경 생산품 판매 제한 등 추진 * 영업자 진입 자체 규제강화 어려움
유통 단계	· 수입식품의 경우 통관이후 관리체계로 근원적 차단 미흡 (저가 · 저품질 수입식품 증가) · 다이어트, 정력 관련 부정 · 불량식품의 해외 인터넷 구매 사례증가	· 식품수입의존도 34.1% (중량 대비) · 미국 FDA는 사전 생산지 관리를 위해 10개국 13개소 해외 사무소 운영 · 인터넷 특성상 사이트 차단만으로 효과 미흡 * 사이버 유통제품 부적합률 43%('12)	· 사전예측 수입식품 검사 · 수입자, 품목, 제조사별 차별 관리 · 수입식품특별법 제정 · 중개 · 구매대행업 신설
수요자 측면	· 전체 국민 중 43% 이상이 하루 한끼 이상 외식 ·음식점 이용 · 어린이 선호저가 · 색소과다 첨가 제품 개발 · 과대 · 허위표시 건강기능 식품의 어르신 대상 유인 판매	· 식중독 중 단체급식, 외식 원인환자가 90% 상회 · 어린이 선호(500원) 1,432개 품목 중 100원 이하 40% · 학부모 48% 학교 앞 식품 불안인식('12)	· 음식점 위생등급제 도입 · 학교, 문방구 등 우수판매 지정 확대 · 시니어, 시민감시단 활용 상시감시 · 표시 · 정보 확대
제도 측면	· 과징금 등 위반자 처벌에 비해 부당이득이 큰 구조 · 품목 · 업체 중심의 관리 체계로 반복 위반자 발생 · 각 기관별 수집정보 내용 공유 협력 미흡	· 대법원 양형기준 강화 ('11.7) 불구 기소건 중 90% 이상 벌금형, 실형선고 1% 미만 · 부당이득 환수 12건, 5억6천만원('12년) · 정보수집 체계 : 교육부(학교급식사고) 농림부(농수산물오염) 관세청(수입물품)	· 불량영업자 추적관리와 이득환수 · 형량하한제 확대 · 범부처 근절대책 마련과 협력 · 식품안전정보망 통합 구축
교육 · 홍보	· 불량식품 폐해에 대한 대국민 인식도 저하 * 미국 매년 5천만 명 식품 매개 질환 발생 (3천명 이상 사망)	· 과학적 위해관리 확립에 치중하여 사회적 위해소통은 미흡한 상황	· 식중독예방교육을 초등학교 교과 반영 · 공익 캠페인과 실천 운동 전개

<표 6-1>에는 생산과 공급단계, 유통단계, 수요자 측면, 제도측면, 교육과 홍보로 구분하여 불량식품이 발생하는 주요원인별로 현황과 개선안이 제시되어 있다.

2) 학교급식 등 집단급식소 위생점검 강화

(1) 현황 및 문제점

다양한 식중독 예방관리를 통해 발생건수는 감소 추세이나 급식과 외식이 증가하고, 기후변화 등 위험요인이 지속적으로 존재하고 있다. 전체 식중독 발생 중 단체급식 식중독 환자수의 비율이 57.5%로 절반이 넘은 수준으로 나타났다. 특히 학교 등 집단급식소에서 환자가 가장 많이 발생되므로 지속적인 관리가 필요한 실정이다. 영유아 시기부터 생애 전주기를 통해 국민의 1/4 이상(1,390만명)이 하루 한 끼 이상 단체급식을 이용하고 있기 때문이다. 일명 '꿀꿀이 죽' 등 어린이 부실급식 논란이 지속적으로 발생하고 있다는 점을 감안하여 집단급식 미신고대상(1회급식 인원 50명 미만) 어린이집과 노인시설 등 취약계층의 급식 안전관리를 강화해야 한다. <표 6-2>에서 전국 16개 시도 어린이집과 유치원 현황을 보면 절반 이상인 56.9%가 50명 미만인 것으로 나타나 관리 사각지대가 매우 넓다는 것을 알 수 있다.

〈표 6-2〉 16개 시 · 도 어린이집 및 유치원 현황('12)

구 분	보육시설(개소)	원아(명)	비 고
합 계	44,306(100%)	1,314,247(100%)	
50~99명	7,803(17.6%)	565,775(43.1%)	현행 관리
20~49명	14,659(33.1%)	453,586(34.5%)	확대 필요
20명 미만	21,844(49.3%)	294,886(22.4%)	

* 지역아동센터, 장애인 영유아시설 등까지 서비스 확대

지자체 업무 특성상 현장보다는 식품접객업소 등 인허가에 인력과 시간을 집중할 수밖에 없어 어린이·노인 등 취약계층의 급식관리를 수행하는 조직과 인력이 부족한 실정이기 때문에 급식안전을 확보하는데 문제가 많다. 현행 어린이 급식관리지원 센터는 50명 이상 100명 미만의 어린이 대상 집단급식소의 위생·

영양관리를 지원하고 있다. 따라서 50명 미만의 모든 소규모 어린이집 및 저소득층 급식시설을 지원하기 위해 '어린이급식관리지원센터'의 설치를 확대해야 한다. 또한, 희망 지자체는 많으나, 지방재정이 열악하여 설치를 기피하므로 재정자립도가 낮은 지자체를 위해 국고지원 비율을 상향 조정할 필요가 있다. 특히 지방자치단체의 장을 비롯하여 관계자와 지방의원 들을 대상으로 어린이급식관리지원센터의 필요성을 홍보하고 교육해야 한다. 무엇보다도 아동의 건강을 위해서 유아교육기관에 아동을 보내는 학부모들에게 홍보를 해서 학부모들이 지자체에 센터를 설립하도록 요구해야 할 것이다.

(2) 추진계획

학교급식소, 식재료공급업체, 청소년수련원 및 도시락제조업체, 군급식 식재료 납품업체 등을 대상으로 지도·점검을 강화한다. 지하수를 사용하는 집단급식소에 염소 소독장치를 무상으로 지원한다. 2013년에는 염소 소독장치 1,100여대(20인이상 50인미만 복지시설 787대, 집단급식소 313대)를 지원했고, 군부대 급식소의 경우 2014년과 2015년에 각각 700대씩 모두 1,400대를 지원할 계획이다. 식약처의 '식중독 조기경보시스템'과 '학교급식 전자조달 시스템'을 연계하여 동일 식재료를 공급받은 다른 학교도 알 수 있도록 조기경보를 발령함으로써 식중독 확산을 조기에 차단한다. 50명 미만 어린이집 등의 영양관리와 저소득층 급식관리 지원을 위해 '어린이 급식관리지원센터'의 설치를 2013년 36개소에서 2017년까지 100개소로 확대한다.

3) 생산·제조단계 안전관리 강화

(1) 현황과 문제점

식품안전을 확보하기 위해서는 원료·제조·유통·소비에 이르는 모든 단계가 중요하며 특히, 생산·재배단계부터 체계적인 관리가 필요하다. 최근 미국 FDA가 국내 양식 해역의 분변 오염을 문제 삼아 국내산 패류 및 함유 식품에 대하여 수입금지 조치를 시행하였다. 이 문제는 근본적으로 패류 등 양식 수역, 농산물 재배지의 오염원을 관리하여야 해결할 수 있다. 식품위생법에는 국내의 오염된

폐광 · 염전 · 축사 · 양식장 등에서 생산된 농 · 축 · 수산물 등의 출하와 유통판매를 제한할 수 있는 법적 근거가 미흡한 실정이다. 식품위생법 제21조에 의하면 수입식품은 국가, 지역, 품목에 대해 사전 예방적인 수입잠정 금지 조치 규정이 있다.

미국은 부시정부의 반규제 정책에 대한 반성으로 사후조치보다는 사전예방을 강조하는 FDA의 식품안전현대화법(Food Safety Modernization Act)이 2011년에 제정되었다. 이 법은 FDA 법적권한 및 예산(1,960억원) · 인력(399명)을 강화하고, 농가 등 생산자는 자체 안전계획을 수립하여 FDA에 이행상황을 보고해야 것을 주요 골자로 하고 있다.

영세 · 취약한 식품제조업계에 대한 식품안전인증(HACCP)을 확대해야 한다. 어묵류, 냉동수산식품(어류, 연체류, 조미가공품), 냉동식품(면, 피자, 만두), 빙과류, 비가열음료, 레토르트식품 등 6개 품목과 배추김치는 식품안전인증을 의무화하고 있으나, 어린이기호식품과 다소비식품 등은 식품안전인증 의무가 없다.

(2) 추진계획

생산 · 유통단계부터 안전성조사 계획을 수립하고 위해평가를 연중 수행한다. 조사 등 집행업무는 농림축산부에 위탁(농수산물품질관리법 제61 ~ 67조)한다. 식약처장이 직접 생산단계 안전성조사를 시행하고 오염된 수산물 양식 해역, 폐광촌 · 축사 · 염전 등에서 생산되는 농 · 수산물, 식염 등 유통 · 판매를 차단할 수 있는 법적 근거를 마련하기 위하여 식품위생법을 개정했다. 2014년에 양식장 해역, 폐광 인근 지역에 대한 오염도를 조사하고, 잔류농약 모니터링을 2014년에 6,000건, 2015년부터 연간 15,000건을 목표로 하였다. 동물용의약품 모니터링도 2014년에 4,000건, 2015년부터 연간 10,000건을 목표로 하였다. 2013년에 지하수 노로바이러스 오염실태, 2014년에 양식갯벌 중금속 오염실태를 조사하였다.

2014년부터 2017년까지 어린이기호식품, 국민 다소비 식품과 연매출액 100억 이상 업소 등을 대상으로 단계별 HACCP 의무적용을 실시한다. 축산품의 경우 도축장에서 집유장(2014), 유가공장(2015)까지 의무적용을 확대한다. 식품 생산 · 제조단계에서 안전관리 기반을 구축하기 위하여 2014년에 현행 식품제조 · 가공업 등록업소의 위생적 취급 기준을 강화하고, 2015년엔 식품제조·가공업체의『품질관리인 지정』제도를 도입할 예정이다.

4) 수입식품 안전관리 강화

(1) 현황과 문제점

세계경제의 글로벌화, FTA 체결 확대 등으로 인해 수입식품이 국민 식탁에서 차지하는 비중이 지속적으로 증가하고 있다. 수입식품이 차지하는 비중은 전체 섭취열량 대비 65%, 유통량 대비 34.1%를 차지하고 있어 수입식품에 대한 불안이 증대하고 있는 실정이다. 한국농촌경제연구원이 소비자 661명을 대상으로 일본 후쿠시마 방사능 오염수 누출이 육류소비에 미친 영향을 조사 분석한 결과, 수산물 소비량을 줄였다는 응답자가 521명으로 전체의 77.5%를 차지했다(노컷뉴스 2013년 11월 7일). <그림 6-3>에는 수입단계별 안전관리의 문제점이 제시되어 있다.

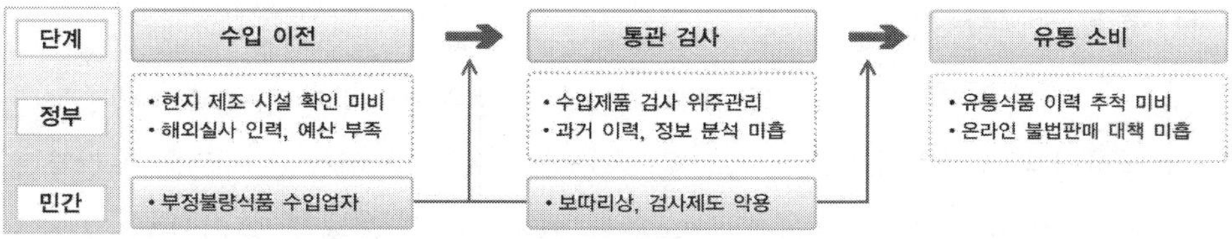

〈그림 6-3〉 수입 단계별 안전관리의 문제점

(2) 추진계획

위생관리 취약시설, 실사거부 업체 등의 경우 수입 잠정금지 조치를 취한다. 교역규모가 많은 국가들과 상호실사를 위한 협약을 체결하고, 수입물량이 많고 부적합률이 높은 지역에 현지사무소를 2014년에 설치한다. 미국 FDA는 중국·인도 등 9개국에 13개 현지사무소를 두고 47명이 운영함으로써 현지실사를 강화하고 있다. 해외 제조사의 위생관리 실태를 점검하여 우수 수입업소 지정하고 있는데, 2012년 현재 43개 우수 수입업소를 2015년까지 250개소로 확대 추진한다.

제조원, 수입자 등의 과거이력, 검사결과 등을 분석해 수입식품등급을 분류하는 '사전예측 수입검사(Predict) 시스템'을 구축하여 고위험 수입제품군에 대해 정밀검사를 강화한다. 수입자, 품목, 해외제조사별 과거 법령위반 및 부적합 이력을 분석하여 수입업자 관리 수준을 우수, 일반관리, 특별관리로 차별화하고, 우수한 수입자는 통관을 간소화해 주고, 부정불량 수입자는 퇴출시키고 명단(Black List)을 상시 공개한다. 수입자 책임을 대폭 강화하고 이력기반 집중검사 등을 내용으로 한 「수입식품 안전관리 특별법」을 제정하고, 3년마다 수입식품안전관리 기본계획을 세우고 1년마다 시행계획을 수립한다. 과거실적, 위해정보, 품목별 특성과 가격차이 등을 분석하여 취약품목, 수입자, 해외 제조원 관리를 강화하고, 해외 제조원의 현지실사 등을 위해 「수입식품 안전관리원」을 운영한다.

2. 식품안전관리 시스템 강화

1) 식품안전기준 강화

(1) 현황 및 문제점

모든 식품(식품첨가물)의 유해[1)]물질 기준은 식품위생법에서 정한다. 다만, 농산물의 생산단계 농약잔류기준과 축산물(가공식품 포함)의 미생물 기준은 농림부에서 설정·운영하여 왔다. 축산물과 식품의 안전기준은 대부분 일치하고 있으나, <표 6-3>에 있는 것처럼 일부 품목의 안전기준은 불일치하는 경우도 있다. 병·통조림 식품의 세균, 납 기준과 농산물의 농약잔류허용기준 등이 다르다. 또한 식품 중 유해물질 검사기준, 회수 감면조치 등이 기관별로 달라 소비자의 혼란 및 불안을 유발하고 있다. 예를 들면 출하전.유통단계 농산물의 농약잔류허용기준과 방사능 오염 일본산 농·수산물에 대한 수입조치도 다른 것으로 나타났다.

(2) 향후 추진계획

기준 및 규격, 위해식품에 대한 검사기준, 회수 감면조치 규정 등 부처간 상이

1) 유해(hazard) : 건강에 악영향을 초래할 수 있는 식품속 물질이나 상태
위해(risk) : 식품속에 유해물질이 존재하는 결과로써 건강상의 악영향이 일어날 가능성 및 정도

하게 적용되고 있는 식품, 축산물 등 기준·규격을 분석하여 개정이 필요한 분야를 도출하여 통일한다. 필요시 총리실 식품안전정책위원회의 전문위원회별로 식약처, 농림부 등 관계부처가 참여하여 함께 검토한다. 출하 전과 유통단계로 중복 운영 중[2)]인 농약잔류허용기준의 타당성을 검토하여 효율화 방안을 도출한다. 신종 화학물질, 방사성 물질, 변종대장균 등 신종유해물질에 대한 신속한 안전기준을 제정하고 검사법을 마련한다.

과학적 근거에 기반한 식품안전기준을 확대하고 재평가한다. 국민 식생활 패턴 변화에 따라 중금속 등 유해·오염물질 노출수준을 매년 모니터링하고, 5년마다 정기적으로 재평가하여 기준을 재설정한다. 농약, 동물용의약품의 안전기준 설정을 2012년에 농약 432종, 동물용의약품 156종에서 2017년에 농약 550종, 동물용의약품 200종으로 확대한다.

〈표 6-3〉 식품위생법과 축산물위생관리법의 상이한 안전기준

구 분	식품위생법	축산물위생관리법
고 시	식품 등의 기준 및 규격	축산물의 가공기준 및 성분규격
내 용	병·통조림식품 1) 납 규격 : 없음 2) 세균 : 세균 발육 음성	병·통조림축산물 1) 납 : 0.3mg/kg 이하 2) 세균 : 세균 발육 음성(멸균제품에 한함)

2) 부적합 식품 경보시스템 유통매장 확대

(1) 현황 및 문제점

2009년에 도입된 '위해상품 판매차단시스템'(<그림 6-4> 참고)을 통하여 위해상품을 신속하게 회수하여 소비자신뢰를 높이고 있다. 부적합 식품 검사결과를 실시간으로 대한상공회의소의 민간 DB(코리안넷)에 전송하여 판매를 자동으로 차단하고 있다. 2012년 현재 26개 마트, 백화점, 홈쇼핑, 편의점 체인점과 군부대, 나들가게 등 총 34,762개 매장에서 운영하여 1일 이용 소비자 1천5백만명이 혜택

2) 기존 식약청에서 '농산물에 대한 잔류허용기준'('88)을 설정·관리하여 왔으나, 농림부는 '생산단계 농산물 등의 유해물질 잔류기준'('99)을 별도로 운영

을 받고 있다. 이처럼 대형마트 등에는 대부분 도입 완료되었으나 중·소유통업체, 개인 소매점 등에서는 설치비용 부담 등으로 도입되지 못하고 있는 실정이다. 소규모업체의 경우 취급식품의 종류, 유통량 및 이용객 수에 비해 시스템 설치를 위한 소요비용이 단말기, 인터넷 등 기반시설이 갖춰진 경우에도 약 4백만 원으로 많다.

식품안전의 문제가 다양한 분야에서 복잡한 양상으로 전개되고 있으므로, 첨단전자정보시스템을 적극 활용하여 식품안전사고 등을 사전에 효과적으로 차단·제어하고 식품관리의 효율성을 제고하는 시책은 식품안전행정에 크게 기여할 수 있다. 그러나 현재까지 이러한 첨단전자시스템의 도입과 활용의 문제가 법제적으로는 전혀 뒷받침되고 있지 못한 것은 문제라고 본다. 식품안전분야에 첨단전자정보시스템을 보다 적극적으로 도입하여 활성화하기 위해서는, 무엇보다도 그 실정법적 근거를 설정하여 행·재정적으로 지속적이고 유효한 뒷받침이 가능하도록 하고, 시스템 운용에 따른 여러 가지 법적 문제들도 미연에 예방하거나 해소할 수 있도록 법제를 정비할 필요가 있다(문상덕, 2013).

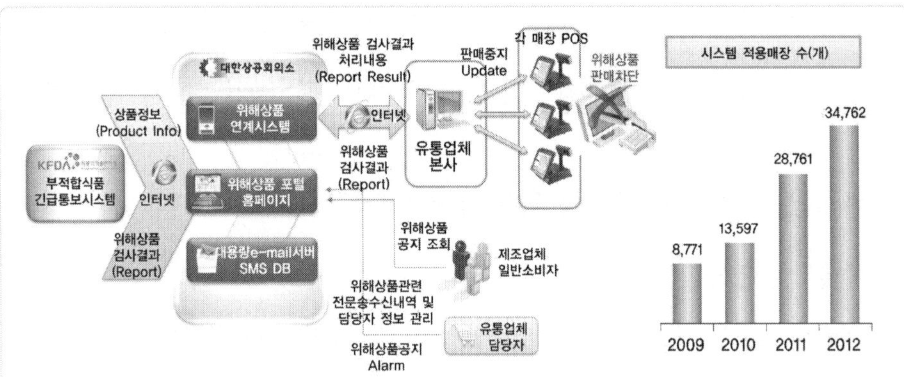

〈그림 6-4〉 위해상품 판매 자동차단 시스템

(2) 추진계획

위해상품 판매차단시스템을 확산시키기 위한 설명회를 실시하고, 시스템 개선 및 의견수렴을 위한 간담회도 개최했다. 중·소규모 적용대상 업체의 수요조사 및 예산 확보하고, 중소규모 업체의 예산을 지원하기 위하여 중소기업청 등과 협의를 병행했다. 위해상품 자동차단시스템을 구축한 업체가 2012년 28개 업체 34,762개 매장에서 2013년 미 구축 체인화 편의점 3,200개, 나들가게 및 소규모 판매점 1,800개를 추가로 구축하여 체인형태 중소유통업체(편의점)에 구축을 완료했다. 2017년까지 개인소매점 등 소규모 유통매장에도 8,000개 매장에 추가로 시스템을 구축할 예정이다. 단기적으로 도입이 어려운 영세소매점은 스마트폰앱(식품안전파수꾼)을 활용하여, 상품바코드를 인식하면 회수/판매중지 대상이 되는지 여부를 조회하고 확인이 가능한 시범사업을 병행하여 추진할 예정이다.

3) 식품이력추적시스템 단계적 의무 도입

(1) 현황 및 문제점

식품이력추적관리제도가 의무가 아닌 업체 자율참여로 시행됨에 따라 등록률이 저조하고, 위해사고가 발생했을 때 신속하게 회수하기가 어려운 실정이다. 2012년 11월 현재 46개소 401개 품목만이 이력추적관리에 등록하였다. 수입 · 제조 · 가공 및 판매 단계까지 각 단계별 이력등록이 선행되어야 하나 국내 유통여건상 최종 유통 · 판매단계는 이력추적에 한계가 있다. 각각의 유통 · 판매업체까지 이력추적을 위한 거래기록 의무가 선행되어야 전 과정의 이력추적이 가능하나 복잡하고 다양한 국내 유통여건상 사실상 곤란하기 때문이다.

식품이력추적제도 도입에 따른 이익(이윤 등)을 기대할 수 없고 제품의 차별성(등록내용이 표시사항과 동일)도 미흡하다. 업체에서는 과징금으로 대체 가능하므로 실질적인 혜택을 느끼지 못하는 실정이므로 행정처분 감면혜택외의 다른 인센티브가 미비하다. 또한 제도 도입에 따른 등록정보 관리 운영을 위한 인력 등과 같은 추가 비용이 발생하고 기업비밀(출고량 등)이 노출될 우려가 있어 제도 도입을 기피하고 있는 실정이다. 그러므로 소비자단체와 협력해서 소비자들에게 식품이력추적제도에 대한 소비자교육을 시행하여 소비자들이 선택할 때 식품이력추적을 중요한 평가기준으로 한다면 업체의 등록을 제고시킬 수 있을 것이다. 이력추적관리를 위하여 업체마다 표시방법(바코드, QR, RFID 등)을 달리함에 따라 이력관리의 비효율성 및 소비자불편을 초래하고 있다.

(2) 추진계획

식약처 · 농림부 등 각 부처가 관리현황을 실태조사하여 2014년에 농 · 축 · 수산물과 가공식품의 통합관리시스템을 구축하거나 기존시스템을 연계하여 시스템을 보완하고 고도화하는 방안을 마련하여 식약처는 가공식품, 수입식품, 건강기능식품, 농림부는 농 · 축 · 수산물을 대상으로 한 식품의 생산부터 식탁까지(Farm to Table) 이력통합관리시스템 구축을 추진한다.

위해사고가 발생했을 때 사회적 피해가 큰 식품이라고 볼 수 있는 영 · 유아식품, 어린이기호식품, 건강기능식품 등을 대상으로 산업체 및 소비자단체 등의 의견을 수렴하여 의무화 우선적용품목을 선정한다. 이렇게 선정된 우선적용 대상 품목을 생산하는 업소를 대상으로 제품의 생산 및 유통환경 실태를 조사하고 매출액 1,000억 이상 업소(5개소)를 대상으로 시범사업을 실시한다. 생산 및 유통환경(실태) 조사에서는 다양한 이력코드에 대한 표준화, 인쇄 시설 및 방법 등과 기업자체 물류관리시스템(ERP)과 이력추적관리시스템의 연계 방법(비용), 유통판매 단계에서의 표준코드 인식 방법 등을 조사한다. <표 6-4>와 <표 6-5>에 제시되어 있는 것처럼 이력추적등록 의무화를 시장점유율과 유통 · 물류단계 규모에 따라 2014년부터 단계적으로 추진할 수 있도록 한다.

〈표 6-4〉 시장점유율에 따른 단계적 이력추적관리 도입 의무화 시기

단계	의무적용 대상	시기
1	시장점유율 50% 이상 제품	2014
2	시장점유율 20%~40% 제품	2015
3	시장점유율 10%~20% 제품	2016
4	시장점유율 10% 미만	2017

〈표 6-5〉 유통 · 물류단계 규모에 따른 단계적 이력추적관리 도입 의무화 시기

단계	의무적용 대상	시기
1	300㎡ 이상 업소	2014
2	200㎡ 이상 300㎡ 미만 업소	2015
3	150㎡ 이상 200㎡ 미만 업소	2016

이력추적을 통해 문제가 발생한 식품을 신속하게 회수조치하고 문제발생 이력(원재료, 제조, 유통 등)에 대한 원인을 규명하여 피해확산을 방지하고 최소화한다. 해당 업체에 대해서는 문제발생 식품에 대한 원인규명을 통해 재발방지 등 개선조치토록 품목제조정지 또는 영업정지 등 행정제재를 한다. 유통단계의 이력추적관리를 위해 일정규모 이상(300㎡)의 식품 유통 · 판매업소에 대한 거래내역을 전자화하여 보관하도록 의무화하고, 식품 등을 판매(취급)하는 모든 업소에 대하여 구입처, 판매처 등의 거래 기록을 관리하도록 단계별로 의무화를 추진한다.

3. 소비자소통을 통한 식품안전정책 구현

1) 식품 표시제도 개선으로 소비자 알권리 보장

(1) 현황과 문제점

반복적으로 제기되는 식품표시 개선 요구에 대한 구체적 해결방안을 마련하고 제도개선을 위하여 노력해야 한다. 특히 외식과 급식이 증가하면서 영양표시 확대를 요구하고 있다. 또한 기구류는 식품용·비식품용 구분이 모호하다. 식품위생법령상 용기 · 포장은 영업신고 대상이나 기구를 제조하는 경우 영업신고 대상이 아님에 따라 실태 파악이 어려운 상태이다. 알레르기 표시대상 식품 규정은 20년 전에 실시한 연구에 기초하고 있어 현실이 반영되지 못했고, 가독성 저하로 인한 소비자 불편 문제가 지속적으로 제기되고 있다. 그러므로 소비자의 표시제 개선 요구와 관련된 의견수렴 절차가 필요하다.

(2) 추진계획

외식 자율영양표시 추진현황을 보면 2008년 7월에 커피전문점, 2010년 3월에 고속도로휴게소, 2010년 12월에 패밀리 레스토랑, 2012년 5월에 어린이 놀이동산, 2012년 12월에 대형 영화관, 대형 백화점 · 푸드코트 등에서 외식 자율영양표시가 시작되었다. 외식 자율영양표시의 확산시키기 위하여 현황 등 실태조사를 하고, 자율영양표시 실무협의회 구성.운영하고 있다.

식품 등의 표시기준 개정하여 식품용 기구 구분표시 추진하고, 식품용에 적합한 용기류에만 '식품용'으로 구분 표시하여 소비자의 혼란을 방지하고 용기관리를 강화하였다. 알레르기 표시대상을 확대하기 위하여 국제기준.제외국기준 관리현황 및 법령을 조사하고, 알레르기를 유발할 수 있는 원인식품을 조사 · 분석하는 연구사업을 시행하였다. 현행 알레르기 유발물질 표시대상 식품은 총 13개로, 난류(가금류에 한함), 우유, 메밀, 땅콩, 대두, 밀, 고등어, 게, 새우, 돼지고기, 복숭아, 토마토 등이다.

소비자들이 알기 쉽도록 식품표시를 개선하기 위하여 산업계, 학계, 소비자와 '표시제도개선협의체' 구성 · 운영하고, 식품표시 가독성 저하 원인을 분석하고 표시기준을 2014년에 개정한다. 글자크기, QR코드 활용, 첨가물 명칭 간략화 등 다양한 방안을 모색하고 있다. 농림부 주관으로 원료농수산물 및 음식점 등 원산지 표시대상 품목을 2012년 868품목에서 커피가공품 등 4품목을 추가하여 2013년 872품목으로 확대하였다. 음식점도 2012년 12품목에서 2013년엔 양고기, 명태, 고등어, 갈치 포함하여 16품목으로 확대되었다.

2) 소통 전담조직 구축

(1) 현황 및 문제점

식품안전 업무가 여러 부처로 분산된 상황에서는 식품안전 사고와 이슈가 발생했을 때 부처별로 입장이 다를 수 있다. 2010년 낙지머리 중금속 검출 사건처럼 식품안전 집행기능을 함께 담당하고 있는 지자체 등에서도 중앙정부와 다른 견해를 발표하여 소비자에게 혼란을 주는 경우도 있었다. 대국민 발표시 과학적 · 전문적 용어로 설명하여 국민의 이해와 공감을 얻는데 어려움이 있었다. 과학적 · 전문적 용어와 내용을 국민이 쉽게 이해하고 공감할 수 있도록 전달하는 소통 전담조직을 신설하여 소통기능을 강화할 필요가 있다.

(2) 추진계획

대국민 리스크커뮤니케이션을 총괄할 수 있는 소통협력과를 신설하여 위해와 관련된 사실을 공표할 때 관계부처와 사전협의를 통해 일원화된 창구로 대국민 발표를 시행한다. 또한 사건사고가 발생하면 신속하게 상황을 파악하고 발표주체, 시기, 핵심메시지 등에 관하여 부처 간 세부 소통 역할을 조정한다. 홍보전문가, 심리학자, 소비자단체, 관계부처 등이 참여하는 민관 합동 '위해소통 개선협의체'를 구성하고 운영지침을 마련한다. 농림부, 해수부, 지자체 등과 같은 관계부처와 언론에 보도하기 전에 상호협의할 수 있는 체계를 마련한다.

2014년에는 소통협력과를 「위해소통센터(가칭)」로 확대·구축하여 맞춤형 위해소통 전략을 수립하고 홍보전문가를 양성하기 위한 프로그램을 개발한다. 정기적인 소비자 인식조사와 SNS 여론 등에 대한 빅데이타 분석을 통해 의미있는 정보를 선별하여 소통기능 제고에 활용한다. 빅데이터 분석을 위한 '빅데이터 솔루션'을 도입하고 전문가를 확보한다.

소비자단체, 업체 등과 공동으로 식의약 안방체험(주부, 대학생), 식의약 영리더(중·고교생), 식품의약품안전열린포럼(전문가, 소비자), 꿈나무체험교실(저소득층, 맞벌이 자녀로서 초 · 중학생), 소비자포럼(일반소비자) 등을 운영하여 다양한 사회적 관점의 소통기법 프로그램을 개발한다. 새로운 용어나 제도 시행, 첨단기술 응용 식품 등에 대해 쉽고 지속적으로 정보를 확산함으로써 막연한 불안감을 해소시킨다.

불량식품 근절, 안전문화 확산을 위한 「국민안심제안센터」를 설치하여 식품안전 정책에 대한 국민의 의견과 제안을 광범위하게 수렴하고, 식품안전소비자신고센터, 부정불량식품신고(1399)를 활성화하여 불량식품 제조.판매 행위 신고를 활성화하고 신속하게 조치한다.

3) 소비자 위생점검 요청제 및 참여제 확대

(1) 현황 및 문제점

2009년부터 식품안전 감시에 소비자 참여를 확대하여 식품영업자 책임을 강화하였다. 식품사고로 피해를 입은 소비자(20인 이상)가 해당 영업소에 대한 위생검사를 식약청장에게 요청할 수 있고(식품위생법 제16조), 영업자의 요청으로 식품위생전문가 또는 소비자단체장이 추천하는 자에게 위생점검을 받는 제도이다(식품위생법 제35조). 참여한 업체에게는 합격사실 표시·광고, 2년간 출입 · 검사

· 수거를 유예하는 인센티브가 주어진다.

그러나 같은 영업소에 의한 피해 20인 이상으로 규정되어 있는 소비자 위생점검 요청 조건이 까다롭고, 식중독사고 이외에는 요청조건을 충족하기가 매우 어려운 실정이다. 또한 밀간전문가의 위생점검에 따른 업계부담(비용발생) 등으로 현재까지 추진실적이 하나도 없는 실정이다. 더욱이 식품위생점검 참여에 따른 시설개수 권고 등의 비용발생으로 기피하고 있다.

(2) 추진계획

소비자 위생점검 요청제 신청요건을 소비자 5인 이상, 소비자단체장도 가능할 수 있고, 식약처로 되어 있는 위생점검기관을 지방청과 지자체로 확대한다. 이를 통하여 2014년 20건, 2015년 40건, 2016년 70건, 2017년 100건으로 추진실적을 확대한다. 소비자 위생점검 참여제 운영 방식 개선한다. 즉 식약처, 시 · 도, 시 · 군 · 구에서 실시하는 합동단속이나 기획점검에 희망하는 소비자를 참여시키고, 현행 소비자식품위생감시원과 유사한 수준(1일 4만원)의 수당을 지급할 수 있도록 개선한다. 시민식품감사인, 소비자위생점검참여, 위생등급, 위생수준안전평가 등의 제도를 소비자위생점검참여제로 단일화한다. 이를 통하여 2014년 1,000건, 2015년 1,200건, 2016년 1,500건, 2017년 2,000건으로 추진실적을 확대한다.

7장

식품안전정책의 내용과 평가

1. 정책 환경과 여건
2. 식품안전정책의 내용
3. 식품안전정책 평가

7장

식품안전정책의 내용과 평가

이 장에서는 식품의약품안전처에서 발표한 내용을 중심으로 하여 현재 우리나라 식품안전정책의 환경과 여건, 2014년에 식품안전처가 실행하겠다고 발표한 정책의 내용과 2012년과 2013년 식품안전정책을 자체평가한 내용을 소개한다.

1. 정책 환경과 여건

1) 안전문제의 글로벌화

다양한 식품이 국내로 수입되고 있고, 식품수입금액도 2010년에 11.1조원, 2011년에 14.2조원, 1013년엔 15.4조원으로 크게 증가하고 있는 추세이다. 이렇게 식품수입이 증가하면서 위해사고가 발행하면 유해물질이 지역과 국경을 넘어 급속하게 확산되고 있다. 일본의 방사능 누출 확산, 미국산 미승인 유전자변형 밀 사건 등 수입식품 안전을 위협하는 사건사고가 지속적으로 발생했다. 인터넷 등 통신·이동 수단의 확대로 무허가 불법 건강보조식품의 국가 간 유통도 확산되고 있다.

APEC 지도자들도 식품안전 관리 역량구축을 우선과제로 인식하였으며, 식품안전협력포럼(Food Safety Cooperation Forum, FSCF)을 설립하여 안전규제시스템,

식품검역 및 인증제도, 전문적 기술 및 인력양성, 정보 공유 및 소통을 위한 네트워크로 신속하고 정확한 정보 교류 네트워크 개발 등과 같은 식품안전의 4가지 중점 방향을 구축하였다(이꽃임 · 황명실 · 윤혜정 · 이철호, 2012).

2) 새로운 위해요인 지속출현

기후온난화, 잦은 기상이변 등과 같이 그동안 발생이 적었던 위해요인이 새롭게 발생하고 있어 이에 대한 대처가 필요하다. 예를 들면 2011년에는 평균기온 상승으로 장출혈성대장균 등 변종대장균에 의한 식중독이 발생하였고, 2012년에는 여름에 폭염 등으로 남해안에 유해 적조가 발생하여 어류 266만 마리가 폐사되었다. 겨울철에 이상고온으로 식중독사고도 발생하고 있다. 나노, 첨단 융복합기술 등을 이용한 식품, 의료제품 등의 연구가 활발하게 이루어지고 있어 안전성 확보를 위한 체계적인 연구 또는 제도적 기반 마련이 필요하다. EU와 미국 등 선진국을 중심으로 나노기술, 첨단융복합기술 응용제품의 안전성에 대한 평가 연구가 진행 중이다.

〈표 7-1〉 식중독 발생현황

구분	음식점	학교급식	학교외 집단급식	가정집	기타
건 수(252)	135(54%)	46(18%)	14(5%)	4(2%)	53(21%)
환자수(4,972)	1,288(26%)	2,259(45%)	618(12%)	21(1%)	786(16%)

출처 : 식품의약품안전처(2013)

3) 외식 · 급식의 증가

2012년 국민건강영양조사에 의하면 전체국민 중 50%가 하루 한 끼 이상 외식을 이용하고 있으며, 25.7%(1,390만명)가 단체급식을 이용하였다. <표 7-1>에 의하면 전체 식중독이 발생한 건수중에서 음식점이 54%, 학교급식이 18%, 학교외 집단급식이 5%로 집단급식이 77%를 차지한데 비하여 가정집은 2%에 불과하였다. 전체식중독 환자수 중에서 음식점이 26%, 학교급식이 45%, 학교외 집단급식이 12%로 집단급식 83%를 차지한데 비하여 가정집은 1%에 불과하였다. 그러므로 단체급식으로 인한 식중독을 보다 철저히 관리하고 예방하기 위한 대책이 필요하다.

4) 건강하고 행복한 삶 추구

건강하고 행복한 삶을 누리기 위해 식품, 건강기능식품, 의약품, 화장품, 의료기기 수요가 급속히 증가하였다. 특히 고령화가 급속하게 진행되면서 건강기능식품과 의약품, 화장품, 의료기기 수요는 더욱 크게 증가할 전망이다. 이러한 소비자의 수요 증가에 편승하여 인터넷, 무료체험관 등을 통한 허위과장광고가 지속적으로 발생하였다. 특히 노인들을 대상으로 한 불법 무료체험관과 다단계판매가 성행하고 있어 중요한 사회문제로 대두되고 있는 실정이다.

서울시는 시내 50개 경로당의 어르신 503명을 대상으로 지난 9월 설문 조사한 결과, 126명이 판매사기를 당한 적이 있다는 답을 했다고 밝혔다. 구입 제품은 건강보조식품이 77.6%로 가장 많았다. 의료보조기구는 8.0%, 상조·수의 상품은 2.4%, 건강보험은 1.2%로 뒤를 이었다. 금액은 100만원 미만 75%, 100만~200만원 2.4%, 200만~300만원 2.0%였다. 제품 구입경로는 관광, 사우나, 온천, 공장견학을 무료로 시켜주고 나서 강매하는 경우가 53.2%로 가장 많았다. 응답자 대부분은 구매 후 바로 후회했으며, 43.9%가 가격에 비해 상품의 질이 낮았기 때문이라고 답했다. 이밖에 충동구매는 10.1%, 시중보다 비싼 가격은 3.8%, 무료제공으로 위장한 비용 청구는 3.6%, 상품 사용 후 부작용 발생은 2.2%를 차지하였다. 그러나 이런 제품에 대하여 불만족하였음에도 불구하고 응답자의 81.6%가 대금을 지불했다고 밝혔다. 대금을 지불한 이유로는 46.5%가 '제품을 잘못 산 게 내 잘못이기 때문에 돈을 냈다'고 했다. 자녀나 배우자에게 사기 피해 사실이 알려지는 게 싫어서와 계약철회 방법을 몰라서가 각각 2.8%를 차지하였다. 사기 피해 노인의 51.2%는 도움을 요청할 곳을 몰라 아무 대처도 하지 못했다고 하소연했다(연합뉴스 2013년 12월 12일).

5) 과학적인 안전과 심리적 안심과의 차이

국민에게 정확한 정보를 투명하게 제공하는 것과 선제적인 의사소통의 중요성이 점차 강조되고 있다. 2012년 라면스프의 벤조피렌 검출사건, 2013년 일본원전 오염수 유출로 인한 방사능 오염 우려와 불량 맛가루 사건 등에서 국민들이 심리적으로 안심할 수 있도록 보다 정확한 정보를 투명하게 제공할 필요성이 증대되었다.

2013년에 밥에 뿌려 먹는 이른바 '맛가루'에 대하여 경찰은 불량하고 비위생적이라는 수사결과를 발표하였다. 그러나 식품의약품안전처는 경찰이 적발한 맛가루 제조업체와 제품을 조사해보니 해당 제품들이 값싸고 품질이 낮은 원료를 쓰긴 했어도 완제품의 인체 유해성은 없는 것으로 판단되기 때문에 이들 업체나 제품에 대해 회수 등 후속 조치를 취하지 않기로 했다고 밝혔다. 소비자들은 온라인 등에서 "유해하지 않더라도 저질 원료를 쓴 건 문제" "걸레를 삶으면 행주로 쓸 수 있다는 얘기" "경찰도 못 믿지만 식약처는 더 못 믿겠다." 등의 비판을 쏟아냈다.

경찰 수사와 상반된 결론에 대해 식약처는 "경찰은 완제품의 위해성보다는 식품 원료의 건전성에 주안점을 두고 수사한 것 같다"면서 "저가 재료와 불량 식품은 다르다. 저가 원료를 썼다고 처벌하거나 해당 식품을 회수할 수는 없다"고 설명했다. 식약처 관계자는 "여러 기관에 이 업체에 관한 내용이 제보돼 경찰이 발표를 서두르다 보니 수사에 미흡한 부분이 있었던 것 같다"고 덧붙였다. 또 경찰이 적발된 맛가루 업체 명단을 발표하지 않아 인터넷 등에 '불량 맛가루 리스트' 등 미확인 정보가 퍼지면서 이번 사태와 무관한 업체들이 입은 피해에 대한 책임 소재도 논란이 될 전망이다(국민일보 2013년 7월 16일).

2. 식품안전정책의 내용

1) 기본 안전관리 지속 추진

(1) 생산단계 농축수산물 안전성 조사를 지속적으로 확대해야 된다.

① 농산물

국민들이 많이 소비하고 있는 농산물인 배추, 파 등 11품목, 길거리 봄나물 및 가로수 은행 등 쉽게 채취하여 섭취하는 농산물의 안전성 조사를 강화해야 된다. 잔류농약, 병원성 미생물 등 위해우려 항목 위주로 모니터링 조사를 하고 있는데, 2012년엔 80천건, 2013년엔 84천건을 조사하였고, 2014년엔 88천건을 조사할 예정이다.

② 축산물

도축장·집유장의 식육 등에 대해 식중독균 등과 같은 미생물과 잔류물질을 검사하고 내장 등 식육부산물에 대한 저온유통 의무화를 추진해야 된다. 내장 등 식육부산물 저온유통을 위해 도축장 23개소에 제빙기를 지원해야 된다.

③ 수산물

3월에 패류독소, 6월에 활어패류 비브리오, 11월에 굴 노로바이러스 등과 같이 계절별로 위해우려가 있는 수산물의 안전성조사를 해야 된다. 부적합 이력이 있는 특별관리품목과 부적합 이력 양식장을 조사해야 된다.

(2) 유통단계 수거검사 강화 및 취약요인 관리

① 농수산물

현장검사소가 설치되어 있지 않은 공영도매시장 반입농산물은 관할 지자체에서 2주마다 20건 이상 집중검사를 실시하고, 농산물·수산물 단순가공업체를 식품가공업으로 등록하도록 유도하여 위생을 개선하도록 한다.

② 축산물

염소 등 불법도축을 방지하기 위해 도축여건을 지속적으로 개선하기 위하여 농식품부에서는 사슴 등 소규모 사유 가축용 도축장에 대한 시설자금을 지원한다.

③ 가공식품

참기름, 고춧가루 등 최근에 부적합률이 높은 20개 식품유형을 지정하여 월1회 집중적으로 수거하여 검사를 실시한다. 참기름, 들기름, 냉면육수, 고춧가루, 두부, 약주, 두류가공품, 조미건어포류, 절임류, 액상차, 과자, 액젓, 즉석섭취식품 등이 있다.

(3) 수입단계 통관검사 강화

① 수입검사 이력, 위해정보 등을 통해 위해도가 높은 수입식품에 대해 집중 관리하는「수입식품 사전예측검사시스템」본격적으로 운영 한다. 각종 위해정보 등이 시스템에 자동으로 연계 · 입력되면 해당항목의 이력분석 결과를 산출하고 이를 토대로 위해도에 따라 검사한다. 수입검사 이력, 위해정보, 수입자 정보, 수출작업장 정보 등을 분석한다.

② 일본산 수입식품의 방사능 안전관리를 강화하기 위하여 수입할 때마다 검사를 실시하고 방사능이 미량이라도 검출된 제품은 공개한다. 검사과정을 시민감시단과 소비자단체가 참관하여 투명성을 제고하고, 정확한 실태파악 등을 위해 관계 직원을 일본에 파견한다.

(4) 불량식품 근절 추진단 활성화

① 불량식품이 근절될 때까지 범정부적으로 강도 높은 기획과 단속을 강화한다. 일명 '떴다방' 등과 같은 허위 · 과대광고, 농축수산물 원산지 둔갑, 친환경농수산물, 대형마트 PB상품 제조업체 등 소비자들의 관심이 높은 분야를 집중적으로 관리한다.

② 고의 · 악의적으로 위반하는 업체를 특별 관리한다. 최근 3년간 식품관련 법령 위반으로 3회 이상 행정처분 받은 업체들에 대한 정보를 분석하여 집중 단속한다.

③ 인터넷(사이버) 거래 등 식품안전 사각지대 관리를 강화한다. 불법 의약품 성분(발기부전치료제 등)이 함유되었는지 여부에 대해 연 3회 정기적으로 수거하여 검사하고 결과를 공개한다. 해외 인터네 등으로부터 식품 등을 구매대행하는 자에 대해 수입신고를 의무화하도록 식품위생법을 2014년 1월 개정하고 '2015년 1월에 시행한다.

(5) 불량식품 정보 수집 다각화와 부처간 공유체계 확립

① 전국 시민감시단(1,309명)을 활용하여 현장의 정보를 체계적으로 수집하고, 불량식품 제보사이트를 개설하여 운영한다.

② 불량식품 신고센터(1399), 소비자 상담센터(1372), 식품안전소비자신고센터 등과 같은 소비자신고정보를 정밀하게 분석해서 실마리 단서를 구체화 한다.

③ 수사정보를 공유하고 필요하면 공조수사, 위해평가 및 신속한 회수·폐기 등 부처간 협조를 강화한다.

(6) 고의적 식품위해사범에 대한 처벌 강화

① 고의적 식품위해사범은 실형이 선고될 수 있도록 형량하한제 적용범위를 확대하고, 불량식품판매로 인한 부당이득의 최대 10배를 환수할 수 있도록 식품위생법을 2013년 7월에 개정하였고, 2014년 1월부터 시행하고 있다. 형량하한제 대상을 인수공통전염병에 걸린 가축, 독성 한약제 사용의 2종에서 위해식품 판매, 병든 동물고기 등의 판매, 유독기구 판매·사용 금지, 허위·과대 광고 등의 7종으로 확대했다. 형량하한제 처벌도 종전에는 7년 이하 징역에서 1년 이상 7년 이하 징역으로 강화되었다.

② 강도 높은 범정부 기획단속을 연중 추진하고, 인터넷에서 판매되는 불량식품을 신속하게 차단하기 위한 '실시간 자동검색 시스템'을 구축한다. 인터넷 판매 불량식품 신속차단도 종전 3~4주에서 1~2일로 개선되었다.

③ 생산·유통·수입 각 단계별 국민다소비 농·축·수산물, 위해성이 높은 식품을 대상으로 사전집중검사를 한 후 결과를 공개한다. 특히 부적합률이 높은 참기름·고춧가루 등 20개 가공식품과 도매시장 농수산물은 월 1회 검사를 실시한다. 2013년에는 166,230건을 검사하여 부적합률이 0.6%로 나타났으나, 2014년에는 195,300건을 검사하여 부적합률을 0.5%로 낮출 계획을 세웠다.

2) 사전 예방적 안전관리 확대·강화

(1) 식품안전관리인증(HACCP) 적용 확대

① 가공식품

어린이기호식품, 국민 다소비 식품에 대해 매출액 또는 종업원 수에 따라 2014년부터 2020년까지 단계적으로 HACCP 적용을 의무화한다. 의무적용

대상품목도 과자 · 캔디류, 빵류 · 떡류, 초콜릿류, 어육소시지, 음료수, 즉석섭취식품, 유탕면류 · 국수, 특수용도식품 등 8개 품목으로 확대한다. 중소업체를 대상으로 시설개선 자금 및 맞춤형 현장기술 지원을 강화해야 된다.

② 축산물

도축장에 이어 집유업과 유가공업 등에도 HACCP 의무를 적용한다. 식육의 생산·출하, 도축 · 가공, 소비단계에 이르는 모든 단계에 HACCP을 적용하는 안전관리 통합인증업체를 육성하고, 표준모델을 개발하여 보급함으로써 2018년까지 50개소가 인증을 받을 수 있도록 추진한다.

③ 영 · 유아식품

원료의 품질 관리를 위하여 원료 종류별로 품질규격 마련하는 등 HACCP 표준관리기준서를 개정한다. 농 · 수산물의 종류별로 성상(신선도), 병해 · 충해 등 품질규격과 사용할 때 제거할 부분의 범위 등을 마련한다.

(2) 위해식품 판매차단시스템 및 식품이력추적관리 제도 확대

① 판매시점관리시스템(POS)이 설치되어 있는 모든 매장에 위해식품 판매차단시스템 설치를 확대한다. 전체 식품판매업소 14만여 개소 중 약 4만여 개소에만 위해식품 판매차단 시스템이 설치되어 운영중이다.

② 생산부터 유통 · 소비까지 이력을 조회할 수 있도록 영 · 유아식품과 건강기능식품에 대해 식품이력추적관리 제도를 단계적으로 의무화한다. 2014년에 연매출액 50억이상 제조 · 수입업체, 1천㎡이상 판매업체를 대상으로 한다. 농식품부, 해양수산부 등과 생산부터 판매까지 이력추적 연계 및 정보공유를 추진한다.

(3) 식품 중 이물 제어관리를 강화한다.

① 2014년 8월까지 이물신고가 50% 이상을 차지하는 면류, 커피, 과자류, 빵 및 떡류, 음료류 등을 대상으로 원료, 제조과정, 포장과정 등에서 이물 혼입 방지를 위한 관리 매뉴얼을 제작하여 보급한다.

② 업체의 이물관리 능력을 향상시키기 위한「이물 저감화 네트워크(협의체)」

활성화를 연중 추진하고, 이물관리 우수업체와 미흡업체간의 멘티-멘토를 운영한다.

(4) 주류 안전관리 제도 정착

① 2013년 7월 이후 주류안전업무를 이관한 후 주류업체 1,148개소의 위생안전수준을 전면적으로 조사하여, 우수업체 141개소, 적정업체 914개소, 미흡업체 93개소로 분류하여 차등 관리하고 있다. 미흡업체에 안전 · 품질 관리를 집중적으로 지원하고, 안전관리를 강화하고, 탁주 · 약주 등 지하수를 사용하는 주류업체 390개소의 수질검사 관리를 철저하게 하였다. 이밖에도 방충 · 방서시설, 운송 냉장온도관리, 종사자 개인위생관리 등이 철저하게 시행해야 한다.

② 주류안전관리제도를 정착시키고 산업진흥을 위한 농식품부, 국세청 등 관계부처와의 협업체계를 강화한다. 이를 위하여 주류 영업 등록과 관련된 정보를 공유하고 시설기준 등에 관한 규정을 제정하고 시행하기 위하여 협력한다.

(5) 통합식품안전정보망 구축 · 운영

많은 소비자들은 식품에 대하여 안전하다고 믿고 싶어 하고, 식품안전을 위해 노력하는 식품업체와 국가식품안전정책을 신뢰하고 싶어 한다. 이러한 신뢰를 구축하는데 필요한 필수적인 요소는 국가의 식품안전정책과 꾸준한 관리감독, 식품업체의 도덕적인 운영 및 안전한 식품의 생산과 관리, 그리고 소비자들의 안전에 대한 의식과 합리적 행동일 것이다. 이 세 주체들의 노력을 연결하여 상생할 수 있도록 하는 보이지 않는 큰 힘은 신뢰이며, 소비자들의 식품업체와 국가식품안전정책에 대한 신뢰는 식품안전정보와 관련되어 있다(이영희와 이승신, 2014).

식품안전정보를 효과적으로 구축하기 위해서는 우리나라 뿐 아니라 국제기구에서 제공하고 있는 정보도 함께 활용할 수 있어야 한다. 수입식품이 증가하고 있고, 국제화가 빠르게 진행되고 있기 때문이다. 식품안전관련 정보제공과 관련된 국제기구로는 세계보건기구(WHO: World Health Organization)의 식품안전담당국에서 식품안전관련 정부기관의 네트워크 관리 업무를 맡고 있는 국제식품안전당국네트워크(INFOSAN: International Food Safety Authorities Network), 세계 식량에 관한 정보를 수집, 분석, 확산하며 정책과 기획에 관해 정부에 자문하고, 논의하는 중립적인 장을 제공하는 유엔식량농업기구(FAO: Food and Agriculture Organization of the United Nations), 식품 및 사료로 인한 인체건강에 영향을 미치는 정보의 공유를 위한 유럽연합의 네트워크인 식품 및 사료 신속경보체계(RASFF: Rapid Alert System for Food and Feed), 가축에 관한 정보의 수집과 교환 등 국제적 협조를 담당하는 교환국제수역사무국(OIE: Office International des Epizooties), 식품첨가물의 안전성 평가를 위해 설립된 유엔 합동식품첨가물전문가위원회(JECFA: Joint FAO / WHO Expert Committee on Food Additives), 세계무역기구(WTO: World Trade Organization), 국제식품규격위원회(CAC: Codex Alimentaruus Commission)등이 있다(식품안전정보원, 2012).

식약처 · 안행부 · 농식품부 등 12개 기관에 분산된 169종의 정보를 연계하여 「통합식품안전정보망」을 구축한다. 업체, 제품, 원재료 등에 고유번호를 부여하고 서식을 표준화하여 정부부처 간, 중앙-지방간 칸막이 없이 정보를 공유하고 활용한다. 식품안전정보포털을 통해 민간의 활용도가 높은 정보를 제공한다.

(6) 수입식품안전관리특별법 제정 추진

① 수입 전단계

3만4천여개소에 달하는 우리나라에 수출하는 모든 제조업체에 사전등록을 의무화하고 현지실사를 강화한다.

② 통관 단계

위해우려 식품을 집중 관리한다. 수입자의 과거이력(부적합, 위반행위 등)을 토대로 3등급(우수, 일반, 특별관리)으로 분류하여 특별관리 업체를 집중 관리한다.

③ 유통단계

「수입식품 이력추적제」를 도입해서 유통단계에서 수입식품 검사를 강화한다. 특히 영 · 유아식품과 건강기능식품에 우선 적용한다.

(7) 수입량이 많거나 부적합 이력이 높은 업체에 대한 현지실사 확대

① 주요 어린이 식품 수입 국가의 제조업체 및 농산물 가공품 재배지를 실사한다. 최근 5년간 15개국 149개소를 실사함으로써, 연평균 30개소를 점검했다.

② 부적합이력이 있는 축산물 작업장에 대한 사후관리 및 신규 승인신청 작업장을 대상으로 점검한다. 최근 5년간 28개국 453개소를 점검하여 연평균 90개소를 점검했다.

③ 수산물은 우리나라에 수출실적이 많거나 부적합 이력 가공시설을 우선 점검한다. 최근 3년간 7개국 155개소를 실시함으로 연평균 52개소를 점검했다.

④ 수입량과 수입건수가 많은 수입업체 및 해외 어린이 기호식품 제조업체에서 수입하는 업체 중에서 우수수입업소로 등록하도록 해서 관리한다. 2014년에는 우수수입업소가 170개소가 될 것으로 예상되고, 등록 시 전년대비 수입중량이 2배로 증가할 것으로 보인다.

⑤ 축산물에 대해 수출국 위생평가제도를 도입한다. 수출국 위생관리 제도, 실험실, 잔류허용기준 등 시스템 전반에 대한 평가를 실시한다.

3) 건강한 식생활 환경 확충

(1) 어린이, 학생 등의 급식 위행 · 영양 관리를 확대한다.

영양사 고용의무가 없는 100명 미만 어린이집이 2013년 현재 4.6만개이고, 이러한 어린이집에 다니고 있는 어린이가 141만명이다. 이들의 급식위생과 영양관리를 지원하기 위한 어린이급식관리지원센터 설치를 확대한다. 어린이급식관리지원센터에서는 어린이집과 유치원 급식의 위생과 영양 관리 실태를 파악하고 컨설팅과 어린이 식습관 교육을 실시한다. 센터 설치수는 2012년에 22개소, 2013년에 88개소, 2014년에 188개소, 2017년까지 500여개소로 늘릴 계획이다. 아동수혜율을 보면 2012년에 9%, 2013년에 21%, 2014년에 48%, 2017년에 100%(141만명)를 달성할 계획을 가지고 있다. 센터를 1개 설치하면 영양사 8~10명의 청년일자리가 만들어져, 2017년까지 약 5000여명의 고용창출 효과가 예상된다. 1회 급식인원 100인 이상의 산업체 집단급식소에 영양사와 조리사 배치의무가 2014년 5월부터 시행되어 영양사와 조리사 2,500명의 고용창출효과가 발생한다. 2014년

1월부터 학교매점, 우수판매업소 판매금지 및 특정시간대 TV 광고 제한 대상을 고열량· 저영양 식품에서 고카페인 음료까지 확대한다.

(2) 식중독 발생 사전예방 및 관리를 한다.

① 현재「학교급식 전자조달시스템」과 연계되어 있는 식중독 조기경보시스템을 조달청「나라장터」까지 확대하여 식중독 확산을 조기에 차단한다. 식중독조기경보시스템은 학교별 식재료 납품업체 정보를 자동으로 파악하여 식재료 오염이 발생할 경우 여러 학교에 신속하게 경보를 발령하고 납품을 차단한다. 전체 학교(총 11,408개) 중 8,612개가 식재료를 외부 조달하고 있으며, 학교급식전자조달시스템을 이용하는 학교가 5,283개(61.3%)이고, 나머지 3,329개(38.7%)는 조달청 나라장터를 이용한다. 식재료를 조달구매하지 않고 직접 구매하는 2,796개 학교는 신학기에 집중 지도· 점검 한다.

② 계절별, 시설별 식중독 발생 특성에 따라 학교급식소· 식재료 공급업체는 3월과 8월에, 수련시설과 김밥 등 제조업체는 4월에 점검을 강화한다. 노로바이러스 식중독을 근본적으로 예방하기 위해 지하수를 사용하는 학교, 사회복지시설, 군부대 등에 보급한 살균·소독장치를 철저히 점검한다.

③ 식중독 유행을 예측하고 신속하게 원인을 규명하기 위한 통합DB을 구축한다. BT · IT 기술을 활용하여 식중독 원인이 되는 세균 및 바이러스 유전자 정보를 분석하고 관리하여 식중독 오염원을 확인하고 추적할 수 있는 휴대용 진단키트를 개발한다. 국내에서 유통되는 식품, 수입식품, 환경(지하수 등), 환자 등으로부터 검출된 식중독균의 유전적 특성을 비교·분석하여 유전정보를 DB화한다.

(3) 음식문화를 개선하기 위한 캠페인을 대대적으로 한다.

① 한국외식업중앙회, 영양사협회 등과 협조하여 위생적인 음식점에 대한 교육 · 홍보 확대 및 주방문화 개선사업을 추진한다. 음식점 주방 공개, 종사자의 위생복· 위생모 착용, 남은 음식 재사용안하기 실천운동 등을 전개한다.

② 식중독 발생을 근본적으로 개선하기 위해 음식점위생등급제의 도입을 검토

한다. 이 제도는 음식점별 위생수준을 평가하여 등급을 부여하고, 간판과 출입문에 게재함으로써 소비자가 쉽게 인식할 수 있게 하고, 소비자에게 홍보와 교육을 통하여 많은 소비자들이 등급을 음식점선택의 중요한 평가요소로 활용하게 하여 음식점업주가 자발적으로 참여하도록 유도한다.

③ 안행부, 농식품부 등 10개 부처가 참여하는 나트륨 줄이기 대책 협의회를 구성하여 나트륨 줄이기 문화를 확산한다. 전국적으로 확산시키기 위해 지자체 특성에 맞는 교육프로그램을 개발하여 보급하고, 지자체 공무원을 대상으로 전문교육을 시키고, 영양사·조리사 및 외식업 등 종사자 보수교육 등을 한다.

④ 프랜차이즈 형태의 음식점에 대한 자율적 위생관리를 제고한다. 새로운 형태의 외식산업 공급처인 프랜차이즈 업체의 자율적 위생관리를 위한 가이드라인을 제작하여 배포하는 등 위생관리를 강화한다. 2011년 공정거래위원회의 조사에 의하면 프랜차이즈 업체는 77,032개소로 관련 식품접객업체(제과점, 음식점 등 676,784개소)의 약 11%를 차지하였다.

(4) 소비자와 소통 활성화 및 먹을거리 안전문화를 확산한다.

불량식품 근절 시민감시단(1,309명)을 활용하여 식품안전에 소비자참여를 확대한다. 소비자, 업계, 언론 등이 함께 참여하는 '불량식품 안 사먹기' 및 '불량식품 안 만들기' 등 안전 먹거리 문화운동을 전개한다. 특히 학생 · 성인 · 어르신 등 계층별 교육 · 홍보 프로그램을 운영한다. 효율적인 소통을 위한 정부의 역할을 조사한 결과를 보면 소비자가 이해할 수 있는 정보를 제공해야 한다는 의견이 전체의 60.9%로 가장 많았고, 그 다음은 충분하고 적절한 정보 제공이 전체의 43.7%, 그리고 지자체 등에 대한 강력한 행정체재 등을 요구하는 응답이 28.9%로 나타났다. 그리고 과학적인 지식에 근거한 조사와 연구 실시 및 결과 발표라고 응답한 비율도 전체의 25.0%나 되었다. 정부의 소비자와 소통 시 유의사항으로는 과학적, 객관적 사실을 제공하여야 한다는 응답이 85.2점으로 가장 높게 나타났고, 그 다음은 향후 국가의 대처 및 관리방안, 소비자의 대응 및 주의사항을 제공해야 한다는 지적이 높은 점수를 얻었다. 기타 의견으로는 소비자가 이해할 수 있는 정보 제공,

식품사고를 일으킨 회사명 신속 공개, 쉽게 접할 수 있는 대중매체의 적극적인 활용과 주기적인 정보 공개 등이 제기되었다(식품의약품안전처, 2013).

미국 유명 식품 블로거 배니 해리는 2014년 6월 11일 본인 블로그에 "미국 정부가 사용 승인한 식품 첨가물이 많다는 사실이 걱정된다."며 "주류업체들이 맥주에 옥수수시럽, 인공감미료를 비롯해 장내 염증을 유발하는 것으로 알려진 안정제에다 심지어 물고기 부레까지 넣는 건지 의심된다."는 글을 올렸다. 해리는 식품 파워블로거로 대기업들이 만드는 제품에 들어가는 첨가물 문제를 주로 지적해 왔다. 유명 샌드위치 체인인 서브웨이는 샌드위치용 빵에 요가 매트에 쓰이는 성분이 들어 있다는 지적에 이를 뺐으며 크래프트는 맥앤치즈 제품에 들어가는 색소를 제거했다.

해리는 맥주에 원료 성분을 표시해야 한다는 온라인 청원을 시작했고 하루 만에 4만4000여 명이 서명운동에 동참하자, AB인베브는 해리가 글을 올린 바로 다음 날에 자사 유명 제품 버드와이저와 버드라이트 성분을 공개했다. AB인베브는 "소비자들이 진화하면서 그들 기대를 충족하고자 한다."며 두 제품에 들어가는 기본 원료는 물, 보리, 맥아, 쌀, 이스트, 홉이라고 밝혔다. 미국은 맥주 원재료 공개를 법으로 강제하지 않지만 AB인베브는 논란이 급속도로 확산되자 전격적으로 제품 성분 공개에 나섰다. AB인베브는 벡스, 스텔라아르투아 등 다른 제품에 대해서도 조만간 원재료를 공개하겠다고 덧붙였다. 해리는 "우리 요구가 대기업 정책을 바꿀 수 있다"고 강조했다(매일경제 2014년 6월 15일).

(5) 건강기능식품 규제개선 및 시장을 활성화 시킨다.

기능성으로 인정될 수 없는 금지사항(질병치료, 성기능 개선 등)을 명문화하여 제시하고 그 외에는 다양한 기능성을 인정한다. 농진청, 산업부 등 관계기관, 학계 등과 협력을 통해 제품 개발 초기단계부터 맞춤형 지원으로 심사기간을 120일에서 80일로 단축한다. 질병의 예방 및 치료, 사실과 다른 내용 등 금지된 사항 이외에는 기능성으로 인정된 내용을 자유롭게 표현이 가능하도록 개선한다. 건강기능식품을 슈퍼, 자동판매기 등에서도 구입할 수 있도록 시설기준, 영업자 준수사항 등 판매업 신고 관련 규제를 대폭 완화시킨다.

3. 식품안전정책 평가

1) 2012년 이전의 정책 평가

(1) 범정부 합동 대응 인프라를 통한 국민 먹을거리 안전수준 향상

모든 식품을 포괄하고, 종합적으로 대응하기 위한 식품안전기본법을 2008년에 제정하여 시행하고 있다. 이 법에는 식품안전 기본계획, 식품안전위원회를 통한 정책조정, 긴급대응 등이 포함되어 있다. 식중독, 방사능사고 대응 등 범정부 식품안전관리 및 핵심역할을 잘 수행하였다. 식중독 환자수가 2008년 354건/7,487명에서 2012년에는 269건/6,102명으로 5년간 18.5%가 감소하였다. 그러나 굴양식, 구제역 파동과 같은 생산단계에서 안전사고에 적극적으로 개입하는데 한계가 있어 국민들의 불안요인이 지속되었다는 점에서 국민보건 측면에서 생산단계의 안전관리 인프라를 확보할 필요성이 제기되었다. 2012년 국정감사에서 농약검출 농산물 관리 및 노로바이러스 오염 굴 등 사전예방을 철저하게 하라는 지적을 받았다. 2010년 서울시 낙지머리 중금속 사건을 해경 등이 단속한 결과를 일방적으로 언론에 보도하는 등 지자체, 해경 등 관계부처와의 협조체계가 미흡하여 국민들의 혼란을 야기했다.

(2) 위해정보 사전 모니터링 및 IT 기반 유통관리 등 위기대응 체계 선진화

2008년 멜라민 파동 이후 전 세계 위해정보에 대한 일일수집 · 대응체계를 구축하였다. 2009년에 식품안전정보원 설립하여 식품위해정보의 수집이 5년간 약 2.7배 증가하였고, 식품 위해정보를 농림부와 관세청 등 관계기관에 실시간 제공하고 있다. 그러나 부처별로 흩어진 식품안전정보의 종합적 관리 시스템이 확립되지 못하였기 때문에 불량식품 근절을 위한 국가 통합 식품안전시스템이 확립되어야 한다는 필요성이 제기되었다.

이마트 등 유통매장에 IT기술을 접목한 위해상품 판매자동차단시스템을 도입하고 식품위해정보를 신속하게 공개하였다. 인터넷 포털 사이트인 식품나라, 모바일 앱인 식품파수꾼을 통해 실시간 위해정보를 제공하였다. 그러나 대형마트 중심으로 위해상품 판매자동차단시스템이 적용됨에 따라 재래시장 및 소규모 매장까지 확대되지 못했다.

(3) 수입식품, 식품위해사범 등 국민 불안요인 집중관리

2012년 통계청 사회조사에 의하면 수입식품에 대한 국민 불안이 54.7%로 여전히 높은 수준이며, 식품위해사범이 지속적으로 발생해 국민들이 수입식품에 안심할 수 있도록 근본적인 대책이 마련되어야 한다는 정책요구가 강해졌다. 특히 2008년 국정감사에서 정확한 정보의 제공 및 일관성 있는 업무 추진 등 신뢰확보가 중요하다는 지적과 2012년 정부업무평가 및 국정감사에서 해외 제조원 현지에 대한 관리를 강화해야 한다는 지적을 받았다. 이러한 문제를 해결하기 위하여 수입식품을 통관하기 전에 제조원의 현지관리를 강화하고, 정밀검사를 확대하는 등 통관검사 체계를 개선하고 위해 우려국가에 대한 관리를 강화하였다. 중국 청도 국외공인 식품검사기관을 통한 사전 모니터링, 베트남과 MOU를 2009년에 체결하였다.

2009년에 위해사범조사단을 신설하였고 처벌양형 개선 등 식품위해사범을 적극적으로 관리하고 있다. 일본 방사능 누출사고, 구미 불산 누출사고 등 오염지역 식품에 대한 신속하고 전문적인 대응으로 위해발생을 차단하였다. 일본산 수입식품의 경우 매건 정밀검사를 하고, 13개현 26개 품목의 수입을 중단하였다.

미국 식품안전검사국(FSIS)은 기존의 검사제도 방식을 개정하고, 육류와 가금류 제품의 위해 여부와 시장으로의 유통가능 여부를 당국에서 지정한 오염 테스트 결과가 나올 때까지 보류하는 새로운 정책을 도입·시행한다고 발표하였다. 현재 FSIS 발표정책은 2013년 2월 8일부터 시행되고 있다. 우리나라에서도 미국 FSIS의 유통보류검사제도가 식품안전관리시스템으로 도입이 검토되어야 한다(윤시몬, 2013).

(4) 위생을 넘어 건강한 식생활 및 영양안전 확보로 국민건강 증진

성인 중심에서 안전에 취약한 어린이를 대상으로 한 집중 안전관리를 착수하였다. 2009년에 어린이식생활안전관리특별법 제정 및 학교주변 어린이 식품안전보호구역(Green Food Zone)을 지정하였고, 2012년에 어린이 급식관리지원센터를

22개소 설치하였다. 그러나 어린이뿐만 아니라 생애주기별 영양·식생활 관리로 적극적으로 확대할 필요성이 제기되었다.

우수판매업소의 수는 2011년부터 정체된 상태로 식품안전보호구역내 업체수의 4.4%에 불과했다. 즉 그린푸드존의 전체 판매업체 중 약 96%는 고열량·저영양 식품을 제한 없이 판매하고 있다고 볼 수 있다. 우수판매업소의 상당수를 차지하는 학교 매점을 제외하면 우수판매업소 비율은 3.0%에 불과해 정책의 효과가 거의 없다고 볼 수 있다. 전담관리원 수가 2009년에는 당시 지정된 식품안전보호구역 수 대비 78.3%(6,305명) 수준이었으나, 2012년에는 46.3%(4,554명)로 대폭 감소하였다. 전담관리원의 역할은 유통기한 위반, 위생실태 조사 등 기존의 불량식품 단속 수준에 그치고 있어 운영 목적에 부합하지 못한다는 비판도 제기되었다(한국소비자원, 2013).

2012년 3월부터 2012년 10월까지 광주시내 초 중 고등학교 주변 어린이 식품안전보호구역내 분식점, 길거리음식점 등에서 판매되고 있는 김밥, 떡볶이, 꼬치류, 오뎅, 튀김류 등 식사대용 및 간식용 어린이 기호식품 중 조리식품 124건에 대해서 탄수화물, 지방, 단백질 등 영양성분과 나트륨, 당함량 등을 검사하여 고열량 저영양 식품 해당여부에 대해서 조사하였다. 식사대용 어린이 기호식품 35건 중 토스트 12건이 모두 포화지방과 나트륨의 기준을 초과하여 고열량 저영양 식품에 해당되었고, 간식용 어린이 기호식품 89건 중에서 튀김류 4건과 닭강정 5건이 열량기준을 초과하였고, 또한 슬러쉬 27건 중에서 20건이 당함량을 초과한 것으로 나타나 총 29건이 고열량 저영양식품에 해당되었다. 조사한 식품들은 슬러쉬를 제외하고는 모두 저영양 식품 판단의 한 요소인 단백질 함량이 높고, 튀김류 등은 식품의 특성상 지방함량이 많아서 열량이 높고, 모두 조리식품들이기 때문에 식사로 섭취하게 되는 식품과 마찬가지로 나트륨 함량이 높아서 고열량 저영양 식품으로 분류되었다. (양용식 · 서정미 · 문수진 · 김태순 · 김보경 · 최수연 · 조배식 · 하동룡 · 김은선, 2013).

외식 영양표시를 통한 국민의 건강한 식품섭취 환경을 조성하려고 노력하였다. 어린이 놀이시설과 전국 고속도로휴게소 등에 자율영양표시 대상을 지속적으로 확대하고 있다. 한국도로공사 부산경남본부는 부산지방식품의약품안전청과 함께 휴가철 이용객들의 안전한 먹거리를 제공하기 위하여 지역 내 23개 휴게소

식품의 안전수준과 영양품질 향상을 위한 식품안전관리 실무협의회를 2014년 6월 15일에 개최했다(경남매일 2014년 6월 16일).

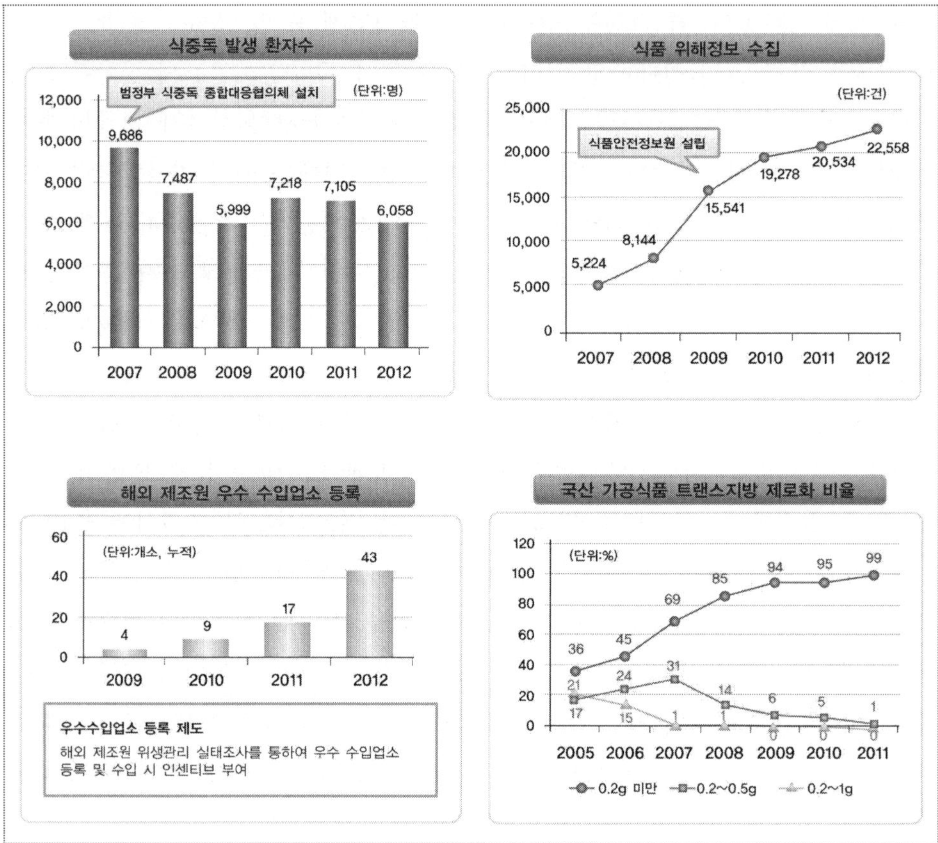

〈그림 7-1〉 식품분야 주요 성과 및 좌표

만성질환의 원인이 되는 트랜스지방 · 나트륨 등 위해가능 영양성분을 관리한다. 과자류 트랜스지방 "함량 제로화" 제로화 비율이 2007년에 69%에서 2012년에 99%가 되었다. 위생 · 안전 중심에서 질병예방 · 건강까지 아우르는 식품안전관리로 패러다임이 전환되고 있는 단계이나, 적극적 영양관리를 위한 법적근거 및 예산 확보가 미흡하다(<그림 7-1> 참고).

윤태형, 이성민, 신희준, 이수연, 홍진, 노기미, 박경식, 임동길, 이광호, 정자영(2011)은 어린이 기호식품 중 트랜스지방 및 포화지방 함량을 조사하고 그 지방산 조성을 확인하기 위하여 과자류 134건, 제빵류 55건, 도넛류 74건, 햄버거 60건(20종)을 서울 및 경기지역을 중심으로 수거하여 분석하였다. 조지방 함량은 과자류가 24.2±6.9(범위: 4.6~41.1) g/100 g으로 가장 높았고, 도넛 23.9±5.8(범위: 14.1~39.5), 제빵류 15.7±7.9(1.4~30.0), 햄버거 9.5±3.4(4.5~18.5)의 순이었다. 트랜스지방 최고값은 제빵류에서 1.3 g/100 g으로 업계의 저감화 노력을 확인할 수 있었다. 포화지방은 과자류가 11.6±4.8(범위: 2.0~22.7) g/100 g, 도넛 11.2±4.0(범위: 4.8~23.2) g/100 g, 제빵류 6.9±4.1(범위: 0.6~15.4) g/100 g, 햄버거 3.0±1.0(1.0~5.8) g/100 g의 순이었으며 조지방 함량에 의존성이 있는 것으로 확인하였다. 지방산 중 포화지방산 및 불포화지방산의 비율은 제품의 특성에 따라 매우 다양하게 나타났으며 식물성 유지를 사용하여 유탕하는 제조공정의 제품군이 다른 제품과 비교 시 포화지방산이 낮은 경향을 나타냈다.

정은영, 박순병, 서옥진, 송재철(2009)의 중학생의 트랜스지방 인지도 및 섭취 실태에 대한 연구에 의하면 트랜스지방에 대한 인지도가 높을수록 영양 표시에서 트랜스지방을 확인하는 것으로 나타났으나 트랜스지방 섭취와는 관련성이 없는 것으로 파악되었다. 학교 교육의 필요성을 인지할수록 먹지 않거나 줄이려고 노력한다는 비율이 높게 나타났으며, 간식 선호도가 트랜스지방 인지 정도 및 섭취 행동 정도에 유의한 영향을 미치는 것으로 파악되어 학생들의 간식 섭취에 대한 올바른 지도와 식습관 형성에 학교와 가정의 지속적인 노력이 필요한 것으로 파악되었다.

2) 2012년 정책에 대한 소비자 평가

식품의약품안전처의 조사(2013)에 의하면 2012년 우리나라 국민의 식품안전관리에 대한 만족도는 100점 만점에 65점으로 나타났다. 식품사고 대응에 대한 만족도는 55점으로 더 낮게 나타났다. 식품사고에 대한 정부의 정부 제공량에 대해 총 조사대상자의 59.0%가 충분하지는 않지만 주고 있다, 28.2%는 거의 주고 있지 않다고 응답하였다. 정보 내용에 대해서는 전체의 33.7%가 제공되는 정보의 투명성이 부족하다, 25.7%가 부처 간 책임전가식의 대응이 실망스럽다는 의견이었고, 다음으로는 소비자의 입장이나 의견이 미반영된 일방적인 정보 제공이라는 응답이 전체의 18.2%로 나타났다.

3) 2013년 정책 평가

(1) 식품위해사범 처벌 강화

국무조정실에서 2013년 11월 조사에 의하면 피부로 느끼는 식품안전 체감도가 2012년에 66%에서 2013년에 72%로 증가하였다. 불량식품이 근절되지 않은 이유로는 제조업자의 처벌이 약하기 때문이 51.1%로 절반 이상을 차지했고, 식품제조 영업자의 식품안전의식 부족은 21.7%, 불량식품 판매에 따른 경제적 이익이 15.1% 순으로 나타났다. 이처럼 고의적 식품위해사범은 실형이 선고될 수 있도록 형량하한제 적용범위를 확대하고, 불량식품 판매로 인한 부당이득은 최대 10배까지 환수 조치했다.

2014년 4월 톱밥과 깻묵을 달인 물을 암 치료 특효약이라고 속여 13년여 동안 암 환자들에게 32억원어치를 판 일당이 경찰에 적발됐다. 부산 금정경찰서는 보건범죄특별조치법 위반 혐의로 A식품 제조업체 대표 김 모씨(62)를 구속하고 직원과 도매상 6명을 불구속 입건했다. 김씨 등은 2001년부터 지난 3월까지 서울 동작구에 위치한 식품 제조업체에서 미루나무 톱밥과 깻묵을 중탕기에 넣어 달인 물로 '융합균액HZ'라는 음료를 만들어 "영지버섯이 융합돼 암 치료에 특효가 있다"고 속여 팔아왔다. 이들은 재료가 되는 톱밥과 깻묵 9 t 을 구입해 지하창고에 쌓아두고 주문을 받을 때마다 중탕해 판매했다. 톱밥 등에 함유된 납과 크롬 등 중금속은 기준치의 3배를 웃돌았다. 약이 아닌 독을 돈 받고 판 셈이다.

상품가치가 없는 파지인삼을 고가의 산양삼으로 둔갑시킨 판매업자들도 붙잡혔다. 경남지방경찰청 광역수사대는 파지인삼을 산양삼이라고 속인 뒤 불법 제작한 품질검사 합격증까지 붙여 판매한 함양지역 산양삼 재배업자 박 모씨(64) 등 3명을 검거했다. 이들은 한 뿌리당 300원에 사들인 3년생 파지인삼을 산양삼으로 둔갑시켜 한 뿌리에 3만원을 받고 되팔았다. 이렇게 챙긴 부당이득이 1억 3000만원 가까이 됐다. 이들은 파지인삼을 산양삼 재배지에 옮겨 심어 3년간 자연상태에서 키우면 잔류농약이 나오지 않고 잔뿌리가 생기는 등 전문가도 진위 구별을 하기 어려운 점을 악용했다(매일경제 2014년 6월 13일).

(2) 식중독 예방

인구 백만명당 식중독 환자수가 2012년에 119명에서 2013년에 97명으로 선진국 수준으로 대폭 감소시켰다. 지하수를 사용하는 학교·군부대 등에 살균·소독장치를 2012년에 867대를 설치하였으나, 2013년년에는 비영리시설 745대, 군부대 1,256대를 추가로 설치했다. 식중독 조기경보 시스템(식약처)과 학교급식 전자조달시스템(농수산식품유통공사)간 정보를 연계하여 식중독 확산을 조기에 차단했다.

대전시교육청은 학교급식에 대한 사회적 관심 및 학부모 등의 요구가 다양한 학교급식에서 2013년에 대전 전체학교 298교 중 식중독 발생건수가 단 한건도 발생하지 않았다고 밝혔다. 대전교육청은 식중독 발생률 제로화를 위해 급식학교 정기(연2회) 및 수시 점검, 6급이상 간부공무원 불시점검, 다소비농산물 잔류농약검사, 조리용구 및 먹는물 미생물 검사, 쇠고기 유전자(DNA)검사 등을 실시했다. HACCP(식품위해요소 중점관리기준) 시스템에 의해 채소나 과일은 항상 세척·소독하여 제공하며, 익히지 않은 육 · 어류에 대해서는 생으로 섭취를 금지하고 식단에서 배제했다(대전투데이 2014년 1월 15일).

(3) 생산 · 유통 · 수입되는 식품 안전성 향상

생산단계부터 소비까지 농·축·수산물, 가공식품의 수거검사결과 부적합률이 선진국 수준으로 감소했다. 유통식품부적합률이 2003년에 1.2%, 2008년에 1.0%, 2013년에 0.6%로 감소하였다. 전체 식품판매업체 14만여개소 중 약 30%인 4만 2천여개소에 위해식품 판매차단시스템을 2013년에 설치하였고, 중소형 매장 3만여개 업체에 대해 2016년까지 시스템 설치를 확대하기로 했다. 위해식품 판매차단시스템을 구축한 매장의 1일 이용객수는 2013년 현재 약 1,770만명이었다. 일본산 수산물에 대하여 방사능 정밀검사를 철저히 시행하고 검사결과를 투명하게 공개했다. 2013년 가공식품, 농 · 축 · 수산물 총 27,421건을 검사하였고, 이중에서 69건에서 반사능물질이 미량 검출되었다. 2013년 9월에 일본원전 방사능 오염수 유출 등 우려에 따라 임시특별조치를 시행하였다.

KBS 1TV 소비자고발에 의하면 빵을 제조하기 위해 사용하는 식품첨가물의 종류만 수십 가지가 되고, 식품첨가물로 인한 부작용을 호소하는 사람들이 늘면서 소비자들의 불안감은 커지고 있다(뉴스엔 2013년 3월 15일). 소비자가 가장 큰 불안을 느끼는 부분은 식품첨가물의 안전성이지만 이 부분에 대한 식약처의 설명도 석연치 않다. 식약처는 글루타민산나트륨(MSG)의 안전성과 관련해 '안심해도 좋다'는 입장을 내놨지만 논란이 일자 "위해평가(위험요소)를 봤을 때 지금까지는 안전하다는 것"이라고 단서를 달았다(서울신문 2014년 5월 30일).

EU는 유럽의 식품안전성을 확보하기 위하여 식품첨가물에 관한 통합규칙을 제정하고, 승인된 식품첨가물 재평가프로그램규칙 등의 법령을 마련하여 규제하고 있다. 특히 체계적인 일정관리를 하여 승인된 식품첨가물을 재평가함으로써 EU안에서 먹을거리의 안전성 확보에 심혈을 기울이고 있다. 사후 해결책을 강구하는 방식에서 벗어나 사전에 보다 체계적으로 EU 역내 식품첨가물의 안전성을 관리하고 있다.

우리나라는 식품위생법 제7조에서 지정한 첨가물의 기준·규격에 합당한 것을 사용하여야 한다고 규정하고, 식품의약품안전처를 중심으로 관리하고 있으나, 식품첨가물로 인한 사고가 여전히 발생하고 있다. WTO를 중심으로 시장이 개방된 상황에서 국제무역이 차지하는 비중이 높은 우리나라도 식품첨가물을 엄격하게 관리하고, 식품첨가물의 안전성에 대한 인식을 제고하며, 새로운 과학적 또는 기술적 발전이 반영된 재평가프로그램을 마련하여 자체적인 먹을거리의 안전성을 확보하기 위한 식품안전정책을 보다 체계적으로 시행하여야 한다(김두수, 2010).

(4) 급식의 위생 · 영양관리를 지원받는 소규모 어린이집의 아동 수 증가

100명 미만 어린이집의 급식 · 영양관리 지원을 위한 어린이급식관리지원센터를 2012년에 22개소에서 2013년에 88개소로 대폭 확대시켰고, 수혜아동 수도 2012년에 12만명(9%)에서 2013년에 30만명(21%)으로 크게 증가하였다. 그러나 아직도 어린이급식관리지원센터를 설치하지 않는 지자체들이 많은 실정이다. 어린이집은 어린이급식관리지원센터가 생기면 규제가 더 는다고 생각하는 경향이 있고, 지방자치단체는 예산상의 이유 등으로 설치를 하지 않고 있기 때문이다. 어린이집에 자식을 보내는 학부모와 식품의약품안전처가 연합하여 어린이급식관리지원센터를 설치하도록 압력을 가할 수 있는 방안이 마련되어야 한다. 또한 기존에 설치되어 있는 어린이급식관리지원센터에서 지역언론을 통한 홍보를 강화하여 아직도 설치되지 않은 지방자치단체가 빠른 시일 안에 계획을 세우도록 지원해야 한다.

(5) 고혈압 등 만성질환의 원인인 나트륨 섭취량 감소

나트륨 섭취 줄이기 운동을 지속적으로 확산하여, 국민들의 인식이 높아지고 실제 섭취량도 감소했다. 나트륨에 대한 인식도가 2011년 22%, 2012년에 24%, 2013년에 41%로 크게 증가하였다. 1일 나트륨 섭취량도 2010년에 4,878mg, 2011년에 4,831mg, 2012년에 4,583mg으로 감소하였다. 그러나 아직도 가공식품의 나트륨 함량이 매우 높은 것으로 나타났다. 나트륨에 대한 소비자의 인식을 제고하고, 저나트륨인 동시에 소비자들의 입맛에 맞는 가공식품을 개발하도록 노력하는 업체의 자세가 필요하다.

2014년 6월 15일 식품업계에 따르면 시중에 판매되는 상당수 포장 냉면류 1인분에 함유된 나트륨이 세계보건기구(WHO)의 1일 나트륨 섭취 권장량인 2000㎎을 웃돈다. 오뚜기 면사랑 '매콤하고 시원한 강원도 칡냉면'은 나트륨 함량이 2540㎎으로 가장 많다. 이 칡냉면 1인분을 먹으면 나트륨 하루 섭취 권장량의 127%나 섭취하는 셈이다. 풀무원의 '생가득 매콤한 평양물냉면'(2340㎎)과 '생가득 평양물냉면'(2120㎎)도 하루 권장량을 훌쩍 뛰어넘는다. CJ제일제당 '프레시안 동치미 물냉면'(1940㎎), 농심 '태풍냉면'(1790㎎), 아워홈 '평양물냉면'(1750㎎) 등의 나트륨 함량도 1일 권장량 대비 80% 수준에 이른다. 포장 냉면은 나트륨 과잉 섭취의 주범으로 꼽히는 라면보다 나트륨이 더 많이 들어 있는 편이다. 농심 신라면이 1790㎎, 오뚜기 진라면 매운맛이 1860㎎ 등 라면의 나트륨 평균 함유량은 1700~2000㎎이다.

육수가 없는 비빔냉면이나 비빔면에는 나트륨이 상대적으로 적게 들어 있다. 오뚜기 면사랑 '태양초 고추다대기 함흥 비빔냉면' 960㎎, CJ제일제당 '프레시안 함흥비빔냉면' 950㎎, 풀무원 '생가득 함흥비빔냉면' 1110㎎ 등이다. 삼양 '열무비빔면' 1330㎎, 팔도 '비빔면' 1250㎎, 오뚜기 '메밀비빔면' 1110㎎, 농심 '찰비빔면' 1060㎎이다. 물냉면의 나트륨 함량이 유난히 높은 것은 육수 때문이다. 국물의 기본 맛이 짠맛이어서 육수 간을 맞추려면 소금이 많이 들어갈 수밖에 없다는 게 업체들의 설명이다(국민일보 2014년 6월 16일).

(6) 합리적인 규제개선을 통한 업체 애로사항 해소

정육점 등에서 저지방 부위(안심, 등심) 등을 돈까스, 양념육으로 가공 · 판매할 수 있도록 개선하여 소비 확대와 수급 불균형을 해소시켰다. 우리나라 소비자들이 가장 선호하는 돼지고기 부위인 삼겹살의 가격이 연평균 3.1% 하락하였다. 2013년 12월에 식품위생법 시행령을 개정하여 PC방·만화방 등에서 '컵라면'이나 '커피믹스' 등을 판매하는 행위를 허용하여 서민 소상공인의 애로사항을 해소하였다.

미국 · 중국 등 외국 정부기관과 협업하여 외국의 불합리한 기준을 개정하여, 우리식품의 수출장애를 해소하고 수출증진에 기여했다. 미국 FDA의 잔류농약 기준을 개정토록 하여 제주감귤을 미국에 수출할 수 있는 길을 개척했다. 한 · 중 식품기준전문가협의회를 통해 중국의 김치미생물 규격을 개정하도록 요구하는 등 대중국 수출을 지원했다.

2014년에 식품 · 의약품 · 의료기기 등의 규제를 국민 중심에서 전면 재검토하고 개선안을 마련하기 위해 '식품·의약품분야 규제개선 추진단'을 운영하고 6월까지 규제를 전면적으로 재검토하고 개선안을 마련하기로 하였다. 규제개선 추진단은 차장을 단장으로 외부 전문가를 포함하여 구성되며 외국에는 없는데 우리나라에만 있는 규제, 도입된 지 오래되어 환경변화를 반영하지 못한 규제, 현장에서 개선 필요성이 요구되는 규제, 법령을 소극적으로 해석하는 등 눈에 보이지 않는 규제 등을 적극 발굴해서 개선안을 마련할 계획이다.

식품 · 의약품 분야 규제로 등록된 453개 규제를 원점에서 전면 재검토하여 규제의 직접비용을 기준으로 규제 신설시 상응하는 기존 규제를 폐지하는 제도인 '규제비용총량 비용'을 '마이너스화'할 예정이며, 소관 규제 등에 대하여 외부 시각으로 검토하기 위하여 외부 전문가에 연구 용역도 진행할 계획이다. 또한 내부적으로 행정 일관성을 위하여 활용되는 행정지침 등의 경우 비등록된 규제로 작용한다는 지적이 있어 이를 전면 재검토하여 규제로 작용할 여지가 있는 부분에 대해서는 적극적으로 개선할 방침이다. '제1차 규제개혁 장관회의 및 민간 합동 규제개혁 점검회의'에서 제기된 식품·의료기기분야 6개 개선과제는 관련 법 개선 작업에 착수하여 늦어도 연내에 개선을 완료할 계획이다.

식품 분야 중에서는 푸드트럭의 경우 유원시설업 내에서 푸드트럭 영업허가신청시 해당 차량이 합법적으로 개조되었다고 확인이 되면 푸드트럭을 운영할 수 있도록 관련 규정을 개선한다. 또한 뷔페음식점의 경우는 5km 내의 제과점에서 당일 생산한 빵만 구입하여 판매할 수 있던 거리제한을 폐지하는 내용을 담은 개정안을 입법예고하였다. 음식점 취수원 기준도 실태조사를 실시하여 개선 방안을 마련하였다. 원칙적으로 배달판매가 금지되었던 떡 등 즉석가공식품은 소비자가 요청할 경우 직접 배달하는 것을 전제로 인터넷 판매 및 배달이 가능해졌고, 식품수입업체의 주문자 상표 부착방식 관련 현지실사의무 간소화, 집단급식소 운영자 변경 절차 간소화 등도 규제개선이 완료되었다(한국일보 2014년 3월 26일).

4) 식품안전관리체계의 평가

우리나라는 식품안전관리체계가 28여개의 관련법령별로 여러 부처에 분산되어 있어 식품안전정책을 효율적으로 운영하지 못하고 있는 실정이다. 품목별로 단계별로 식품행정조직과 식품안전법제가 분산되어 있고, 다른 법영역과는 다르게 식품안전법제에서 시행규칙과 고시 및 예규가 차지하는 비율이 매우 높다. 식품의 종류, 첨가물의 특성, 제조 또는 조리의 기술적 방식 등 건강손상과 관련된 식품의 다원성과 위해성에 관한 과학적인 판단을 요구하게 되었다. 간이성, 특성성 및 추상성을 징표로 하는 의회가 제정하는 법률에 이 모든 내용을 규범화할 수 없는 입법기술의 한계 때문에 시행규칙, 고시 및 예규 등이 많게 되었다(권배근, 2007).

식품안전기본법에서 식품안전업무를 조정하는 역할을 하는 식품안전정책위원회가 관계기관의 장 위주로 구성되어 있어서 국무회의와 큰 차이가 없다는 점에서 실질적인 운영이 가능한지에 대한 의문을 제기하는 학자들도 있다(박성용, 2010). 식품안전관리를 일관성 있고 효율적으로 하기 위해서는 관리와 조직을 기존의 품목별에서 기능별로 재조직해야 한다. 이를 통하여 식품안전관리와 관련된 각종 법제와 정책의 혼선을 막을 수 있고 일반 소비자들의 눈에 책임회피나 소관다툼으로 보일 수 있는 여러 문제들을 해결할 수 있기 때문이다(김준과 배민식, 2009). 즉 배추는 농림축산식품부의 소관이고, 김치는 식품의약품안전처의 소관으로 되어 있다. 유제품의 경우에는 함유량이 50%면 농림축산식품부가 관리하고, 49.9%면 식품의약품안전처가 관리하도록 되어 있어 일반 소비자들이 보기에는 부처이기주의 아니면 나누어먹기식 행정이라고 볼 수 있는 여지가 많이 있다(김민우, 2013).

소비자들은 식품안전관리에서 중앙정부에 비하여 상대적으로 지방자치단체의 역할과 역량이 낮다고 평가했다. 그러나 소비자의 43.7%는 중앙정부와 지방자치단체 사이에 농식품 안전관련업무가 중복되어 있다고 인식했고, 54.0%는 역할분담이 적절하지못하다고 평가했다. 조사대상 소비자의 79.3%가 지방자치단체의 역할과 권한을 확대해야 한다고 응답했다. 소비자들은 또한 중앙정부는 국가 전체적으로 일관성을 유지할 필요가 있는 식품안전정책을 수립하고 기준을 설정하는 역할을 주로 하고, 지방자치단체는 농식품 안전관련 감시와 감독과 같은 지역과 밀접하게 연관되어 있는 업무를 수행하는 것이 더 적합하다고 하였다. 즉 지역에 기반한 현장중심의 행정이 이루어져야 식품안전관리가 보다 효율적이고 원활하게 이루어질 수 있을 것이다(황윤재와 한재환, 2011).

우리나라는 식품안전에 관한 위험평가기구와 위험관리기구가 하나로 통합되어 있다. 그러나 장기적인 관점에서 EU의 분리형 모델과 식품소비자를 보호 정책의 도입을 검토해야 한다. EU는 광우병 파동으로 기존의 식품안전체계에 대한 신뢰가 무너지면서 책임체제를 확보하기 위한 식품소비자정책의 필요성을 제기하게 되었다. 1997년에 EU위원회는 식품법녹서(Green Paper on Food Law)에서 불안전한 식품생산에 의하여 소비자가 피해를 입은 경우 여러 가지 배상형태로 소비자를 보호해야한다고 하였다(김두수, 2010;2013). EU의 식품안전관리체계는 소비자들의 신뢰를 회복하고 불안을 해소하기 위하여 위해식품을 집중적으로 관리하기 위하여 생산과 안전관리를 분리하여 이해충돌을 원천적으로 막고 소비자보호를 우선적으로 하는 사전적 식품안전관리체계를 구축하고 있기 때문이다(정기혜, 2013).

참고문헌

강윤영(2001). 남성 직장인의 식습관 및 식품기호도에 관한 조사연구; 서울과 동해지역을 중심으로. 세종대학교 대학원 석사학위 논문.

권광일 · 윤성원 · 김소진 · 강하니 · 김해나 · 김지영 · 김서영 · 김길례 · 이준형 · 정선미 · 옥소원 · 이은주 · 김종욱 · 김명철 · 박혜경(2010). 가공식품 및 외식 영양표시에 대한 소비자 인식조사. 한국영양학회지, 43(2), 181-188.

권배근(2007). 식품의 안전성 확보를 위한 조직법적 개선방안. 한양법학, 21, 201-219.

권성옥 · 오세영(2007). 저소득층 노인에서 식품불안정과 사회경제적 지표, 건강상태, 영양소 섭취와의 관련성. 한국영양학회지, 40(8), 762-768.

김두수(2010). EU 식품법상 생산물 책임과 문제점 : 현대사회에 있어 법학의 현안과제. 경북대학교 법학연구원 추계학술대회.

김두수(2013). EU의 식품첨가물규범체계를 통해 본 식품안전정책. 국제법연구, 11(3), 25-59.

김민우(2013). 한국과 유럽의 식품안전관리체계의 현황과 시사점. 유럽헌법연구 14, 88-98.

김영균 · 유경혜 · 이선영(2013). 경북지역 초등학교 학부모의 알레르기 유발식품 표시제도에 대한 인지도 및 자녀의 식품알레르기 실태. 한국식생활과학회지, 22(5), 491-506.

김정래, 양일선(2002). 학교급식관리기술 지원체계 구축에 관한 연구 · 교육인적지원부 보고서.

김준 · 배민식(2009). 선진국형 식품안전관리 체계 마련방안. 국회입법조사처 현안보고서, 15, 1-21.

김태양 · 한두봉 · 안정훈 · 이상형(2013). 어머니의 영양표시 이용이 자녀의 비만에 미치는 영향. 보건경제와 정책연구, 19(3), 51-82.

김희경 · 장혜경 · 이미라 · 손연정 · 한수정 · 양남영 · 유명란 · 최선영 · 김윤미(2013). 노인의 영향위험과 사회망이 건강관련 삶의 질에 미치는 영향. 기본간호학회지, 20(2), 98-107.

김혜련(2007). 유럽의 영양정책과 최근 동향이 주는 시사점. 국제사회보장동향. 2007년, 겨울호, 20-33.

김혜련(2008). 호주와 캐나다의 영양정책: 정책모델과 접근 방향을 중심으로. 한국 보건사회연구원 국제사회보장 동향, 2008년 3월, 19-33.

김혜련(2010). 어린이 식생활 안전과 영양관리 정책과 향후과제. 보건복지 포럼, 2010년 3월, 27-36.

김혜련(2013). 우리나라 식이섭취와 관련된 만성질환의 변화와 영양정책의 과제. 한국보거사회연구원 보건복지포럼, 198, 27-37.

김혜련 · 곽노성 · 문현경 · 백희영 · 강장미 · 김어지나 · 이정원(2007). 고령사회에 대비한 국가영양관리 발전전략 모색. 한국보건사회연구원.

김혜영(2011). 나트륨 저감화를 위한 외식 산업체 영양표시 활성화. 식품과학과 산업 2011년 3월호, 28-38.

남기훈(2011). 헝가리, 식료품에 비만세 성격의 특별세 도입 추진. 대한무역투자진흥공사 동향 / 연구보고서.

문상덕(2013). 식품안전법제의 문제점과 개선방향. 행정법연구, 37, 237-262.

박미연 · 김금란 · 이다정 · 김진문 · 박필숙(2006). 경북 예천 농촌지역 거주 노인의 연령대별 영양소 및 식품섭취량 조사. 한국영양학회지, 39(1), 58-73.

박성용(2010). 식품안전정책 체계화에 관한 연구: 식품안전체계를 중심으로. 법과 정책 연구, 10(2), 763-785.

박성진 · 선은정(2011). 비만세 논쟁과 우리나라에 대한 시사점. 세무와 회계저널, 12(4), 69-101.

박연환 · 서은영(2007). 노인의 영양위험, 우울, 지각된 건강상태. 대한간호학회지, 37(6), 941-948.

박혜경(2009). 우리나라의 영양표시정책. 식품산업과 영양, 42, 9-14.

박혜련(2010). 영양관리사업의 추진방향. 대한지역사회영양학회지, 15(6), 830-841.

보건복지부(2012). 제 1차 국민영양관리기본계획(2012-2016년).

식품안전정보원(2012). 식품관련 국제기구. http://www.foodinfo.or.kr/BULLETIN-A.do.

식품의약품안전처(2010). 나트륨에 관한 소비자 인지도.

식품의약품안전처(2013). 식품안전정보에 대한 국민인식 여론조사 결과보고서.

양용식 · 서정미 · 문수진 · 김태순 · 김보경 · 최수연 · 조배식 · 하동룡 · 김은선(2013). 광주지역 식품안전보호구역내 어린이 기호식품에 대한 고열량·저영양 성분함량 조사. 한국식품위생성안전학회지, 28(4), 1129-1153.

유진아 · 정희선(2011). 건강관심도에 따른 외식업체 메뉴의 영양 표시 인지도. 한국식품영양학회지, 24(3), 282-290.

유현정 · 주소현(2012). 소비자의 식품안전 체감 및 역량척도 개발 연구. 소비자학연구, 23(4), 79-104.

윤난희 · 권순만(2013). 비만이 의료이용과 의료비용에 미치는 영향. 보건경제와 정책연구, 19(2), 61-80.

윤시몬(2012). 미국 NYC의 음식점 위생등급 평가(Restaurant Sanitary Inspection Grade) 사업 성과 분석. 보건복지포럼, 191, 70-87.

윤시몬(2013). 유통보류검사제도 심층분석을 통한 향상된 식품안전관리시스템 도입검토. 보건복지포럼, 200, 83-104.

윤여임 · 김경자(2013). 식품안전 위해요인에 대한 소비자인식 : 질적 연구를 통한 접근. 한국가정관리학회지, 31(4), 15-31.

윤태형 · 이성민 · 신희준 · 이수연 · 홍진 · 노기미 · 박경식 · 임동길 · 이광호 · 정자영(2011). 어린이 기호식품 중 트랜스지방 및 포화지방 실태조사. 한국식품영양과학회지, 40(11), 1562-1568.

이경숙(2013). 경기지역 학교급식의 염도계 사용과 나트륨 저감화 교육실태. 대한영양사협회 학술지, 19(2), 173-181.

이계임 · 김성용(2002). 학교급식의 식재료 사용실태 분석. 농촌경제, 25(1), 1-12.

이꽃임 · 황명실 · 윤혜정 · 이철호(2012), 아태지역 식품안전관리 협력과 역량강화를 위한 APEC의 활동. 한국식품위생안전성학회지, 27(2), 176-181.

이난희 · 김건희 · 박유미 · 최정남(2007). 보육시설 유아의 부모대상 '싱겁게 먹기' 가정통신문 교육사례. 전국 영양사 학술대회 자료집, 325.

이덕규(2012). 지속적인 나트륨 섭취 혈관손상 위험성, 혈중 요산 수치 · 뇨중 알부민 배출량 증가. 약업신문, 2012년 6월 20일.

이명숙(2012). 저소득층 전기여성노인과 후기여성노인의 영양위험, 지각된 건강상태와 우울. 한국농촌의학지역보건학회지, 37(1), 12-22.

이세정(2009). 식품의약품 안전 관련법제 개선방안. 한국법제연구원.

이영희 · 이승신(2014). 식품업체 및 국가식품안전정책에 대한 소비자신뢰모형 분석. 소비자학연구, 25(2), 1-20.

전상민 · 권상희 · 박혜경 · 김소희 · 권광일 · 정해랑(2009). 외식업체 영양표시에 대한 소비자의 이용 현황 및 욕구 분석. 소비자학연구 20(2), 279-306.

정기혜(2013). 식품안전분야 위해소통 강화를 위한 정책 방향. 보건복지포럼, 196, 73-87.

정은영 · 박순병 · 서옥진 · 송재철(2009). 중학생의 트랜스지방 인지도 및 섭취 실태에 대한 연구. 한국식품영양학회지, 22(3), 409-415.

최정숙 · 지선미 · 박영희(2009). 일부 농촌노인의 식품안정성과 사회경제학적 특성, 식생활, 건강상태, 영양소 섭취와의 관련성. 한국지역사회생활과학회지 20(1), 19-32.

최혜미 · 김경원 · 김창임 · 김희선 · 손정민 · 최경숙 · 현태선(2011). 지역사회영양학. 파워북.

한국보건산업진흥원 · 보건복지부(2011). 국민영양관리기본계획 중장기 세부추진 실행계획 수립 연구.

한국소비자원(2013). 어린이 식품안전 보호구역 운영 및 유통식품 안전 실태 조사 : 그린푸드존 유통식품의 타르색소를 중심으로.

홍순명 · 정유경 · 조성숙 · 김형미 · 박혜경 · 강백원 · 김종욱 · 변재언 · 김새봄 (2011). 외식업체조리종사자의 저나트륨에 대한 인식 연구. 대한지역사회영양학회 추계학술대회 및 정기총회. 수명, 노화와 영양. 196~196. 대한지역사회영양학회. 서울대 호암교수회관.

홍순명 · 조지예 · 박유정 · 조성숙 · 김형미 · 박혜경 · 강백원 · 김종욱 · 변재언 · 김새봄 (2011). 나트륨 저감화 정책에 대한 외식업체의 조리종사자의 요구도 및 인식 평가. 한국영양학회 추계학술대회. 청장년기 저영양 여성의 건강 Risk. 499~499. 한국영양학회. 서울힐튼호텔.

홍순명 · 권오형 · 배문경 · 서정희 · 박혜경 · 강백원 · 김종욱 · 변재언 · 조성숙 · 양정아(2012). 저나트륨 건강음식점의 조리실천 전략. 2012년도 전국영양사학술대회. 소통하는 영양사, 건강한 대한민국. 277. 대한영양사협회. 그랜드힐튼.

홍순명 · 서정희 · 허은정 · 정윤선 · 박혜경 · 강백원 · 김종욱 · 변재언 · 조성숙 · 양정아(2012). 나트륨 줄이기 참여 건강음식점에 대한 고객평가. 2012년도 전국 영양사학술대회. 소통하는 영양사, 건강한 대한민국. 267. 그랜드힐튼. 대한영양사협회.

홍순명(2012). 나트륨 줄이기 참여 건강음식점 사례연구, 주최:식품의약품안전처, 주관:나트륨 줄이기 운동본부, 서울프레스센터 국제회의장.

홍순명 · 이지혜 · 김혜경 · 유리나 · 서정희 · 허은정 · 조성숙 · 양정아(214). 나트륨 줄이기 참여 건강음식점'의 나트륨 저감화 실태.

홍순명 · 이지혜 · 김혜경 · 유리나 · 서정희 · 허은정 · 김종욱 · 권오상 · 공정은 · 김해나 · 조성숙 · 양정아(2014). 나트륨 줄이기 참여 건강음식점의 긍정적 효과 : 조리종사자의 평가를 중심으로.

홍진임 · 정희선(2012). 어린이 식생활 안전관리 특별법에 관한 효과적 교육 및 홍보 방안 연구. 한국조리학회지, 18(5), 176-189.

황윤재 · 한재환(2013). 식품안전관리체계에 대한 소비자 인식 분석. 농업경영정책연구, 38(3), 529-555.

Albright, C.L., Flora, J.A., Fortmann, S.P.(1990). Restaurant menu labeling: Impact of nutrition information on entree sales and patron attitudes. Health Education Behavior, 17(2), 157-167.

Appel, L.J., Espeland, M.A., Easter, L., Wilson. A. C., Folmar, S., & Lacy, C. R. (2001). Effects to reduced sodium intake on hypertension control in older individuals. Archives of Internal Medicine, 161(5), 685-693.

Brown, I.J., Tzoulaki, I., Candeias, V., Elliott, P.(2009). Salt intakes around the world:

implications for public health. Internal Journal of Epidemiology, 38(3), 791-813.

Chobanian, A.V., Hill, M.(2000). National Heart, Lung, and Blood Institute Workshop on Sodium and Blood Pressure : a critical review of current scientific evidence. Hypertension, 35(4), 853-863.

Cianciaruso, B., Bellizzi, V., Minutolo, R., Tavera, A., Capuano, A., Conte, G., Nicola, L.D.(1998). Salt intake and renal outcome in patients with progressive renal disease. Mineral and Electrolyte Metabolism, 24(4), 296-303.

Cohen, H.W., Hailpern, S.M., Alderman, M.H.(2008). Sodium intake and mortality follow-up in the third National Health and Nutrition Examination Survey (NHANES Ⅲ). Journal of General Internal Medicine, 23(9), 1297-1302.

Cook, N.R., Cutler, J.A., Obarzanek, E., Buring, J.E., Rexrode, K.M., Kumanyika, S.K.(2007). Long term effects of dietary sodium reduction on cardiovascular disease outcomes: observational follow-up of the trials of hypertension prevention (TOHP). British Medical Journal, 334, 885-893.

Dossey, B.M., Keegan, L., & Guzzetta, C. (2005). Holistic nursing: A handbook for practice (4rd ed.). Sudbury, MA: Jones & Bartlett Publishers.

FDA(2008). “A Labeling Guide for Restaurants and Other Retail Establishments Selling Away- From-Home Foods.” U.S. Office of Nutrition. Labeling, and Dietary Supplements.

He, F.J., MacGregor, G.A.(2007). Salt, blood pressure and cardiovascular disease. Current Opinion in Cardiology, 22(4), 298-305.

He, F.J., Ogden, L.G., Vupputuri, S., Bazzano, L.A., Loria, C., Whelton, P.K.(1999). Dietary sodium intake and subsequent risk of cardiovascular disease in overweight adults. The Journal of the American Medical Association, 282(21), 2027-2034.

Heiskannen, E., Johnson, M., Robinson, S., Vadovics, E., Saastamoinen, M.(2010). Low-carbon communities as a context for individual behavioral change, Energy Policy, 38, 7586-7595.

Keller, H.H. (2004). Nutrition and health-related quality of life in frail older adults. Journal of Nutrition, Health and Aging, 8, 245-252.

Lando, A.M., Wolfe, J.L(2007). Helping Consumers Make More Food Choices: Consumers Views on Modifying Food Labels and Providing Point-of-Purchase Nutrition Information at Quick-service Restaurants. Journal of Nutrition Education and Behavior, 39(3), 157-163.

Meneton, P., Jeunemaitre, X., Wardener, H.E., MacGregor, G.A.(2005). Links between dietary salt intake, renal salt handling, blood pressure, and cardiovascular diseases. Physiological Reviews, 85, 679-715.

Nutrition Labeling in Chain Restaurants: State and Local Bills/Regulations-2007-2008 (2008). www.cspinet.org/nutritionpolicy/MenulabelingBills 2007-2008.pdf. 2008 . 6. 25.

Park, Y.W., Zhu, S., Palaniappan, L., Heshka, S., Carnethon, M.R., Heymsfield, S.B. (2003). The metabolic syndrome: prevalence and associated risk factor findings in the US population from the third National Health and Nutrition Examination Survey, 1988-1994. Archives of International Medicine, 163(4), 427-436.

Sassi, F., Cecchini, M., Laucer, J., Chisholm, D.(2009). Improving lifestyles tackling obesity: The health and economic impact of prevention strategies. OECD Health Working Papers, 20(11).

Strnad, J.(2005) Conceptualizing the Fat Tax : The Role of Food Taxes in Developed Economies. Working paper.

Swift, P.A., Markandu, N.D., Sagnella, G.A., He, F.J., MacGregor, G.A.(2005). Modest salt reduction reduces blood pressure and urine protein excretion in black hypertensives: a randomized control trial. Hypertension, 46, 308-312.

Tsai, A.G., Williamson, D.F., Glick, H.A.(2011), Direct medical cost of overweight and obesity in the United States: a quantitative systematic review, Obesity Review, 12(1), 1-18.

Tsugane, S.(2005). Salt, salted food intake, and risk of gastric cancer: epidemiologic evidence. Cancer Science, 96(1), 1-6.

Tuomilehto, J., Jousilahti, P., Rastenyte, D., Moltchanov, V., Tanskanen, A., Pietinen, P.(2001). Urinary sodium excretion and cardiovascular mortality in Finland: a prospective study. Lancet, 357(9259), 848-51.

Withrow, D., Alter, D.A.(2011), The economic burden of obesity worldwide: a systematic review of direct costs of obesity, Obesity Reviews, 12, 131-141.